KB270028

＊ 뜨개질이 쉬워지는 ＊

뜨개룸
Loom knitting

강다연 지음

예신 Books

인삿말

안녕하세요.
대한민국 니터들과 함께 하는 니트러브입니다.

니터라면 누구나 한 번쯤 뜨개의 대중화를 꿈꾸었을 것입니다.
뜻 맞는 사람들과 수다를 떨며 뜨개질하는 것만큼
행복한 일도 없을 테니까요.

그러기 위해서는 초심자들이 쉽고 빠르게
편물을 만들 수 있어야 합니다. 직접 작품을 완성하는
기쁨이야말로 뜨개의 매력이기 때문입니다.

그동안 초보를 위한 기법 연구에는 늘 한계가 있었습니다.
손뜨개란 결국 능숙한 손놀림이 뒷받침 돼야 합니다.
평생 배워도 다 알 수 없는 손뜨개의 깊이는
니터들을 매료시키기도 하지만
초심자들을 지레 겁먹게 만들기도 합니다.

뭔가 방법이 없을까 고민하던 중에 '뜨개룸'을 접하게 되었습니다.
"바로 이거다!" 하고 무릎을 쳤습니다.
어린아이조차 손쉽게 뜨개를 할 수 있음에 놀랐고
다양하면서도 깊이 있는 기법에 또 한 번 놀랐습니다.
초심자들도 쉽게 뜨개를 접하고 재미를 느꼈으면 하는
니트러브의 바람을 100% 충족시켜 주었습니다.

저는 요즘 뜨개룸의 매력에 푹 빠져 있습니다.
강다연 님의 '뜨개질이 쉬워지는 뜨개룸'이
초보 니터들의 좋은 친구가 되길 희망합니다.

2017년 3월 희망을 뜨개하는 남자
니트러브 **조 성 진**

머리말

항상 손으로 무엇인가 만들어 낸다는 것을 기쁨으로 여기고 있던 저에게
룸니팅이란 존재는 또 하나의 커다란 혁신이었습니다.

룸니팅은 처음 해외에서 만들어진 기술로 마침 국내에는 그 자료가 없던 터라 새로운 도전정신이
모락모락 피어오르기 시작했습니다.
밤새 룸에서 실을 이리 감고 저리 감으며 과연 어떤 패턴이 나올까 기대하고 또 기대하면서~~~

아직도 만들어야 할 것들이 머릿속에 가득하기에 하루라도 빨리 많은 사람들에게 알리고 싶었습니다.
뜨개를 하고 싶어도 어려워 포기한 분들, 새로운 방식의 뜨개를 알고 싶어 하는 분들 모든 이에게……

쉽고 간단하여 빨리 배울 수 있는 룸니팅이 어린이와 노인들에게도 알려져 언젠가 직접 부모님의 생신
선물을 만들어 드리고 손주의 선물을 만들어 건네며 주고받는 이들이 함께 기뻐하겠죠. 그 모습을
떠올리니 벌써부터 절로 미소 짓게 됩니다.

뜨개란 것을 자신과는 거리가 먼 얘기로 느끼던 분들로부터 '이젠 뜨개를 할 수 있어요' 라는 말을 들을
때면 계속 룸니팅을 알리고픈 작은 욕심이 생겨납니다.

또 이제는 한 단계 더 발전해 모자와 목도리뿐만이 아닌 손뜨개와 맞서는 여러 작품들을 응용해 충분히
만들어 낼 수 있을 거라 기대합니다.

이 책이 뜨개에 관심 있는 분들에게 부디 도움이 되길 바라고 또 룸니팅이 많은 분들에게 작은 즐거움을
주는 건전한 취미 활동으로 거듭나길 바랍니다.

룸니팅 디자이너 **강 다 연**
네이버 밴드 "참쉬운뜨개"운영

Contents

뜨개룸
작품

가죽끈 통가방

롱뜨개룸 기본뜨기로 조각 3개를 만들면
멋진 가죽끈 통가방을 만들 수 있어요.
메가 뜨개실의 부드러운 질감이 심플한 가방의
디자인을 더 돋보이게 해 주죠.
옆면을 작게 만들어 노트북 가방으로
응용도 가능하겠죠?
옆면에 네이비색으로 포인트를 주어 심심하지
않으면서도 고급스러운 느낌을 내보았어요.

materials: 메가, 44cm 롱뜨개룸, 후크, 코바늘, 가위, 가방 심지, 가죽 손잡이
참고: 롱뜨개룸 기본 사용법(108쪽), 짧은뜨기(114쪽)
뜨는 법: 38쪽

파스텔모칠라 스타일 가방

여름에 유행하는 모칠라 가방이 두툼한 패브릭얀으로 겨울에 어울리게 디자인되었어요.
민트색과 밝은 회색으로 배색된 심플한 모칠라 스타일의 가방입니다.
큼지막하게 깊이 떠서 가지고 다닐 물건이 많은 겨울철에 실용성도 아주 그만이죠.
간단한 룸니팅 기법이라 다양한 색을 배색해서 응용하거나 작은 사이즈의 뜨개룸을 이용하면
작은 가방도 만들 수 있어요.

materials: 파빠르 패브릭얀, 29cm 라운드뜨개룸, 후크, 플라스틱 돗바늘, 코바늘, 가위, 본드
참고: 짧은뜨기(114쪽)
뜨는 법: 42쪽

단추 숄더백

뜨개질로 직접 만든 나만의 숄더백.
다른 사람이 만든 숄더백이나 니트 클러치를 인스타그램에서만 구경하셨다면 이젠 부러워하지 않으셔도 돼요.
뉴스타킹의 두꺼우면서도 신축성 있는 재질 덕분에 더 쉽고 빠르게 뜨개질해서 단추 숄더백을 만들 수 있어요.
다양하게 응용해 예쁜 가방을 만들 수 있답니다.

materials: 뉴스타킹, 24cm 라운드뜨개룸, 후크, 플라스틱 돗바늘, 코바늘, 가위, 단추, 자석 똑딱이
참고: 코막음(98쪽), 짧은뜨기(114쪽)
뜨는 법: 45쪽

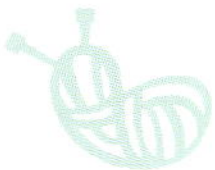

그물 가방

뜨개룸은 간격이 일정해서 얇은 실로 뜨개질을 하면 그물 무늬가 나옵니다.
신축성이 적은 황마와 램스울을 섞어 빈티지하면서도 실용적인 그물 가방을 만들 수 있어요.
얇은 실로 가볍게 뜨개질해서 그런지 더 가볍게 느껴지는 그물 가방입니다.
끝부분에는 다양한 색으로 포인트를 줄 수도 있고 함께 섞어 주는 램스울의 색을 바꿔도
예쁜 그물 가방을 만들 수 있답니다.

materials: 황마, 램스울, 29cm 라운드뜨개룸, 후크, 플라스틱 돗바늘, 코바늘, 가위
참고: 그물무늬뜨기(97쪽), 코막음(98쪽)
뜨는 법: 47쪽

스웨터 컵홀더

따뜻한 차 한 잔을 할 때 딱딱한 종이 컵홀더보다는
귀여운 스웨터를 입은 듯 컵에 컵홀더를 끼워 마시면 한층 즐거운 티타임이 될 거예요.
가장 작은 라운드 뜨개룸으로 간단하게 컵홀더를 만들 수 있어요.
가지고 있는 컵에 어울리는 색으로 다양한 컵홀더를 만들어 보는 것도 좋습니다.

materials: 메가, 14cm 라운드뜨개룸, 후크, 플라스틱 돗바늘, 코바늘, 가위, 단추
참고: 가터뜨기(97쪽), 코줄이기(100쪽), 코막음(98쪽), 짧은뜨기(114쪽)
뜨는 법: 49쪽

엮음 발판

다양한 러그를 만들어 발판으로 사용하지만 이건 전문가의 손길이 닿은 듯 입체감 있는
무늬가 일정하게 들어간 반듯한 엮음 발판이라 더 매력적이랍니다.
크기에 변화를 주어 선반 받침이나 거실의 포인트가 될 수 있는 러그까지도 응용이
가능한 예쁜 엮음 발판입니다.

materials: 뉴스타킹, 44cm 롱뜨개룸, 후크, 코바늘, 가위
참고: 롱뜨개룸 응용 무늬 중 Honey combo (107쪽)
뜨는 법: 52쪽

러블리 쿠션

밋밋한 쿠션이 아닌 화려한 꽈배기 무늬가 들어간 쿠션.
뜨개룸으로는 이렇게 화려한 꽈배기 무늬도 넣을 수 있답니다.
추운 겨울에 잘 어울리는 러블리한 쿠션으로 집안 분위기를 한번 바꿔 보세요.
다른 뜨개질 작품에도 이 꽈배기 무늬를 응용해 보면 재밌는 뜨개질이 될 거예요.

materials: 메가, 44cm 롱뜨개룸, 후크, 플라스틱 돗바늘, 가위, 쿠션솜, 단추
참고: 코막음(98쪽)
뜨는 법: 55쪽

베이지 손팔찌

뜨개질을 하다보면 자투리실이 생기게 되는데 뜨개질하기엔 너무 짧고 버리기엔 아까우시죠?
뜨개룸 핀 3개만 있으면 바로 팔찌 하나 뚝딱!!
차분한 베이지색의 두툼한 실로 심플한 팔찌를 하나 만들어 놓으면 정말 유용하게 사용할 액세서리가 됩니다.
아이들과 함께 만들어 커플로 차도 너무 러블리하겠죠.

materials: 뉴스타킹, 19cm 라운드뜨개룸, 후크, 플라스틱 돗바늘, 가위, 장식용 부자재
뜨는 법: 59쪽

배색 손팔찌

뜨개룸의 모든 핀을 이용한 작품도 좋지만 핀 두 개랑 후크만을 이용해서
빈티지한 팔찌도 만들 수 있답니다.
두 가지 색을 배색해서 만드는 손팔찌는 패브릭얀의 따뜻한 느낌과 어울려
빈티지하면서도 고급스러운 느낌을 낼 수 있는 액세서리로 바뀌게 되죠.

materials: 파바르, 14cm 라운드뜨개룸, 후크, 가위
뜨는 법: 61쪽

도넛 애견 장난감

14cm의 작은 뜨개룸으로는 뭘 만들 수 있을까, 많이 고민들 하셨죠?
모자를 뜨기엔 너무 작고, 그런데 생각보다 활용할 수 있는 게 많답니다.
이번엔 반려견을 위해서 뜨개질을 해 볼까 해요.
패브릭얀을 이용하거나 또는 주인이 입던 낡은 옷을 길게 잘라서 사용해도 반려견에겐
거부감이 없어 더 좋을 도넛 모양의 애견 장난감입니다.
뜨는 방법도 간단하지만 무엇보다 금방 물어 뜯기는 애견 장난감을 직접 이렇게
만들어 주면 우리 강아지가 좋아 춤을 추겠죠?

materials: 파빠르 패브릭얀, 14cm 라운드뜨개룸, 후크, 플라스틱 돗바늘, 가위
참고: 겉뜨기(95쪽)
뜨는 법: 63쪽

 ### 빨간 애견 딸랑이

뜨개룸을 이용해서 다양한 작품을 만들 수 있지만 정말 간단하면서도 반려견에게도 안전한
장난감을 만들 수 있어요.
뜨개룸의 핀 두 개만 있으면 누구나 만들 수 있는 애견 딸랑이. 너무 쉽고 간단해서
여러 색으로 만들어 주변 사람들에게 줄 선물용으로 준비해 놓으셔도 좋을 거예요.
매듭 묶는 방법만 알면 되니 아이들도 직접 만들어 재미있게 공놀이를 할 수 있겠죠?^^

materials: 파빠르 패브릭얀, 14cm 라운드뜨개룸, 후크, 플라스틱 돗바늘, 가위
뜨는 법: 65쪽

귀요미 아기 모자

아기 모자 많이 뜨시죠?
추운 겨울날엔 따뜻한 모자가 필수죠. 이제는 귀여운 곰돌이
귀가 달린 아기 모자를 직접 뜨개질해서 씌워 주세요.
코줄이기를 이용해 귀를 만들어서 머리띠나 다양한 액세서리로
응용해 보면서 즐거운 뜨개질의 재미에 한껏 빠져 보세요.

materials: 메가, 19cm 라운드뜨개룸, 후크, 플라스틱 돗바늘, 코바늘, 가위
참고: 라운드뜨개룸 기본 사용법(101쪽), 가터뜨기(97쪽), 코줄이기(100쪽)
뜨는 법: 67쪽

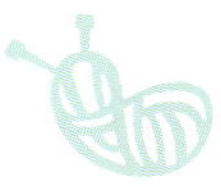

방울 아기 신발

뜨개룸 니팅에서 가장 기본적인 겉뜨기를 이용해서 손쉽게 아기 신발을 만들 수 있어요.
가장 작은 플라워 뜨개룸으로는 아기 신발을 만들고, 더 큰 뜨개룸을 이용하면
아이들이나 어른들 덧신에도 도전해 볼 수 있죠.
어려운 기교가 없고 기본 모자 뜨기에서 사용한 끝부분 오므리기나 돗바늘로 꿰매는 방법으로
마무리하기 때문에 아이들도 함께 따라 하면서 재밌게 만들어 볼 수 있어요.

materials: 메가, 플라워 뜨개룸, 후크, 플라스틱 돗바늘, 가위, 폼폼메이커
참고: 겉뜨기(95쪽)
뜨는 법: 69쪽

복주머니 아기 모자

평범한 털모자는 라운드 뜨개룸으로 언제든 쉽게 뜰 수 있죠.
이번에는 특이한 복주머니처럼 생긴 아기 모자예요.
귀여운 아기에게 복이 많이 들어오라는 의미에서 복주머니 모자라고 해요.
간단하면서도 개성 있는 모자라 아이들도 좋아하겠죠?
설날 같은 명절에도 이보다 더 좋은 모자 선물은 없을 것 같네요.

materials: 메가, 19cm 라운드뜨개룸, 후크, 플라스틱 돗바늘, 코바늘, 가위
참고: 라운드뜨개룸 기본 사용법(101쪽), 코막음(98쪽)
뜨는 법: 71쪽

만두 지갑

반달 모양의 만두처럼 생겨 하나쯤 꼭 갖고 싶은 지갑이에요.
실의 색깔만 잘 배색하면 럭셔리해 보이는 클러치나 발랄한 손지갑으로도 변신할 수 있는 무궁무진한 아이템이죠~
처음엔 약간 어려워 보일 수 있지만 막상 천천히 따라 하다보면 재밌게 해 볼 수 있어요.
더 큰 사이즈로 만들면 외출할 때 들고 다닐 수 있는 클러치로도 손색없을 잇 아이템이 될 수 있죠.

materials: 파빠르 패브릭얀, 24cm 라운드뜨개룸, 후크, 플라스틱 돗바늘, 가위
참고: 겉뜨기(95쪽)
뜨는 법: 73쪽

빨간 바구니

패브릭얀으로 튼튼한 바구니를 한 번 만들어 보세요.
단단한 무늬로 두껍게 떠지는 바구니라서 정말 실용적인데다 모양까지 예쁘죠.
빨간색 바탕에 끝부분을 회색으로 마무리해 단순하지 않으면서도 모던한 느낌을 주었답니다.
작은 화분을 담아도 무척 잘 어울리는 바구니라서 크기가 다른 뜨개룸을 이용해 다양하게
만들어 보아도 좋답니다.

materials: 파빠르 패브릭얀, 24cm 라운드뜨개룸, 후크, 플라스틱 돗바늘, 코바늘, 가위
참고: 그물뜨기(97쪽)
뜨는 법: 76쪽

리본끈 바구니

신축성 좋은 패브릭얀을 이용해 만든 리본끈 바구니는 뜨개질하기도 너무 쉽지만
집안 분위기를 살려 주는 센스 있는 바구니 아이템입니다.
밑면을 직조로 만들어 더 가볍고 포인트로 리본까지 달아 예쁜 바구니입니다.
집안에 굴러다니는 물건들을 담아 두어도 좋습니다.

materials: 파바르, 29cm 라운드뜨개룸, 후크, 플라스틱 돗바늘, 코바늘, 가위
참고: 겉뜨기(95쪽), 사슬뜨기(113쪽), 그물무늬뜨기(97쪽)
뜨는 법: 78쪽

손잡이 바구니

손잡이가 달린 유용한 바구니이면서도 독특한 무늬를 이용한 바구니여서
실내 장식용으로도 잘 어울리는 인테리어 아이템이에요.
쉽기도 하지만 재밌는 무늬를 낼 수 있어서 만들 때부터 완성할 때까지
만족도가 아주 높은 손잡이 바구니랍니다.

materials: 뉴스타킹, 24cm 라운드뜨개룸, 후크, 돗바늘, 코바늘, 가위
참고: 코막음(98쪽), 짧은뜨기(114쪽)
뜨는 법: 80쪽

가을나들이 목도리

가을 나들이갈 때 두르기 딱 맞는 목도리가 하나 있으면 너무 좋겠죠~
추운 겨울에 할 두툼한 목도리도 좋지만 봄,가을에 가볍게 두를 수 있는 숄 스타일의 목도리를 떠 보도록 해요.
대바늘이나 다른 뜨개질로는 할 수 없는 뜨개질이라서 더 특별하고 예쁜 가을나들이 목도리랍니다.

materials: 오슬로울, 54cm 롱뜨개룸, 후크, 코바늘, 가위
참고: 사슬뜨기(113쪽), 가터뜨기(97쪽), 코막음(98쪽)
뜨는 법: 82쪽

눈맞이 목도리
부드러운 촉감으로 포근함과 따뜻함이 함께 목을 감싸
추운 겨울도 거뜬하게 이겨낼 수 있게 해 줄 눈맞이 목도리.
얇고 스타일리쉬한 목도리도 좋지만 질리지 않고
실용적인 목도리도 겨울철 필수 아이템이죠.

materials: 뉴 사피모헤어, 34cm 롱뜨개롬, 후크, 플라스틱 돗바늘, 가위
참고: 롱뜨개롬 기본 사용법(108쪽), 코막음(98쪽)
뜨는 법: 84쪽

단추 여밈 넥워머

뜨개룸으로 모자를 뜰 수 있다면 거기에 안뜨기와 코막음만 배우면 바로 따뜻한 워머에 도전해 볼 수 있어요.
아랫단을 트이게 해서 어깨 부분까지도 따뜻하게 감싸 주는 넥워머를 두툼한 내추럴울로 빨리 뜨개질할 수 있답니다.
트임 부분을 길게 뜨면 어깨까지 덮는 숄 역할도 할 수 있어서 겨울에 유용한 넥워머가 될 거예요.

materials: 내추럴울, 29cm 라운드뜨개룸, 후크, 가위   **참고:** 안뜨기(96쪽), 코막음(98쪽)   **뜨는 법:** 85쪽

럭비 단추 너음 목도리

가장 기본적인 롱뜨개룸 사용 방법으로 두꺼운 내추럴울을 사용해 목도리를 뜨고 럭비 단추를
끼우면 특별한 기법 없이도 따뜻하고 예쁜 너음 목도리가 완성됩니다.
뜨개룸을 처음 배우시는 분들도 너무 쉽게 도전해 볼 수 있어요.
아주 두툼해서 여러 번 감는 목도리보다 짧은 목도리가 더 어울린답니다.

materials: 내추럴울, 24cm 롱뜨개룸, 후크, 플라스틱 돗바늘, 코바늘, 가위
참고: 롱뜨개룸 기본 사용법(108쪽)
뜨는 법: 87쪽

가마니 스타일 조끼

뜨개질을 처음 배우는 사람에게 조끼 뜨기란 정말 설레고 긴장되는 일이죠.
누구나 정말 쉽게 심플한 조끼를 만들 수 있어요.
가을부터 겨울, 그리고 이듬해 봄까지 블라우스나 간단한 티셔츠에 입을 수 있는 조끼를 만들어 보는 건 어때요?
사이즈를 작게 만들면 아이들도 입을 수 있는 귀여운 조끼가 되죠.

materials: 메가, 44cm 롱뜨개룸, 후크, 플라스틱 돗바늘, 가위
참고: 겉뜨기(95쪽), 고무단뜨기(97쪽)
뜨는 법: 89쪽

 부들부들 숄

겨울철 실내에서 입고 활동하기 편한 예쁜 숄이에요.
수면사처럼 부드러운 샤비실로 떠서
입으면 평범하지 않으면서도 너무나 귀여운 숄이랍니다.
특히 아이들이 입으면 아주 귀여운 톡특한 스타일의 숄이 될 거예요.

materials: 샤비, 24cm 라운드뜨개룸, 후크, 돗바늘, 코바늘, 가위
참고: 겉뜨기(95쪽), 짧은뜨기(114쪽)
뜨는 법: 91쪽

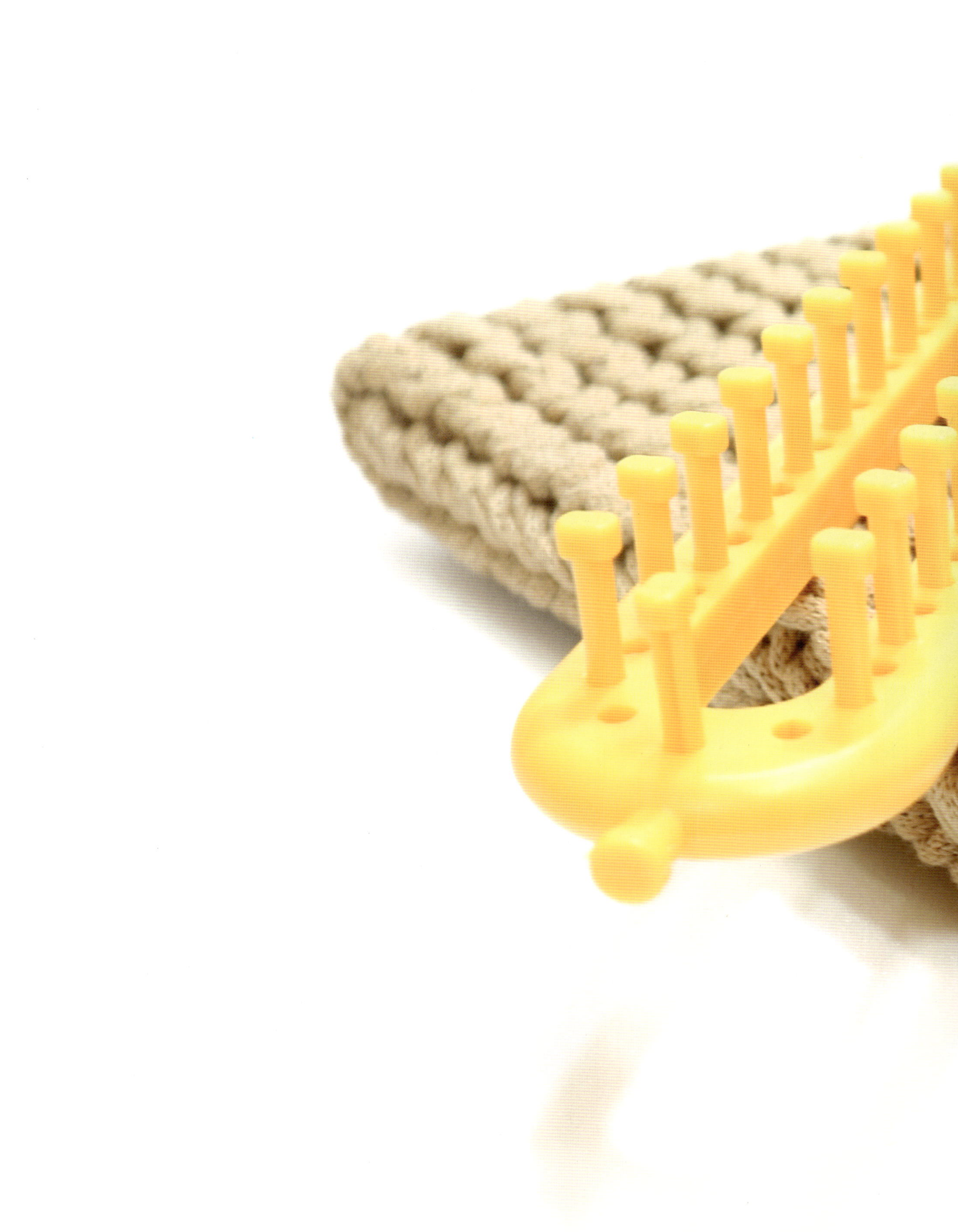

쉽게 따라 하는
작품 도안

가죽끈 통가방

롱 뜨개룸으로 조각 3개를 만들어 하나로 연결해서 가방을 만들어 보세요.

materials: 메가, 44cm 롱뜨개룸, 후크, 코바늘, 가위, 가방 심지, 가죽 손잡이
참고: 롱뜨개룸 기본 사용법(108쪽), 짧은뜨기(114쪽)

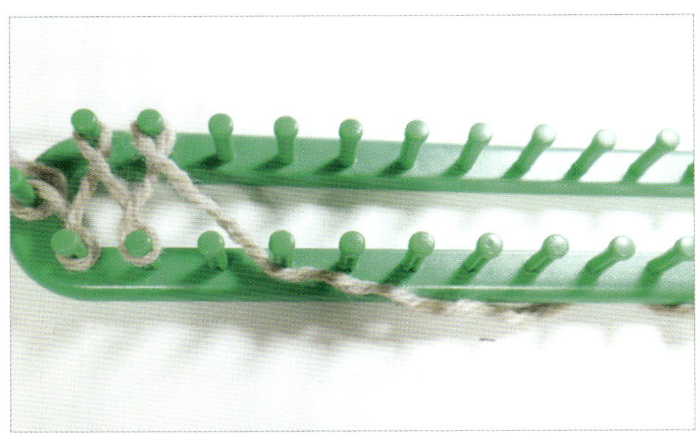

1. 사진과 같이 44cm 롱뜨개룸에 롱뜨개룸 기본 설명처럼 Stockinette Figure 8 무늬로 끝까지 감아 줍니다.

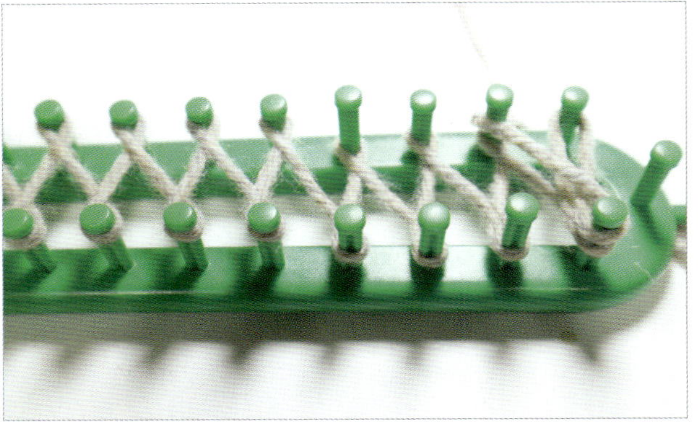

2. 감긴 모양을 따라 똑같이 감으면서 되돌아갑니다.

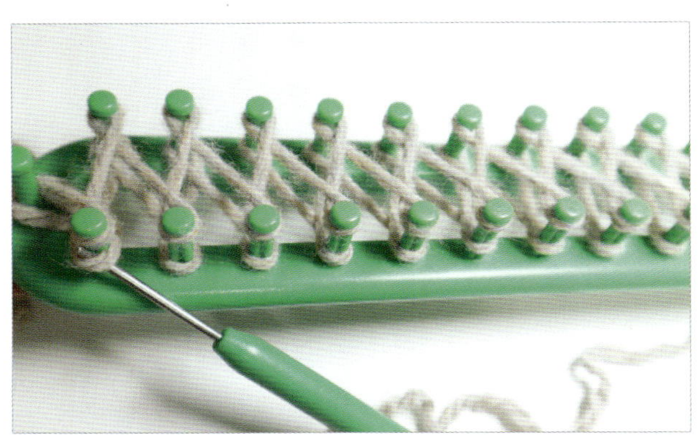

3. 후크로 아랫실을 넘깁니다.

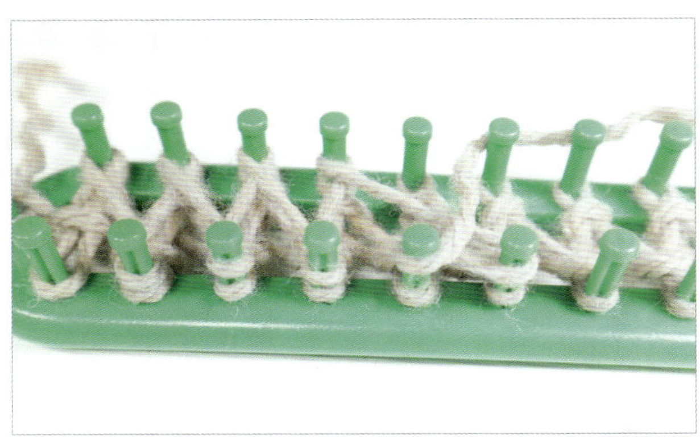

4. 〈무늬 만들기〉 세 번째 단에서는 처음 무늬처럼 위, 아래 핀을 4개씩 감고, 이어서 6번째 핀, 5번째 핀 순으로 감습니다.

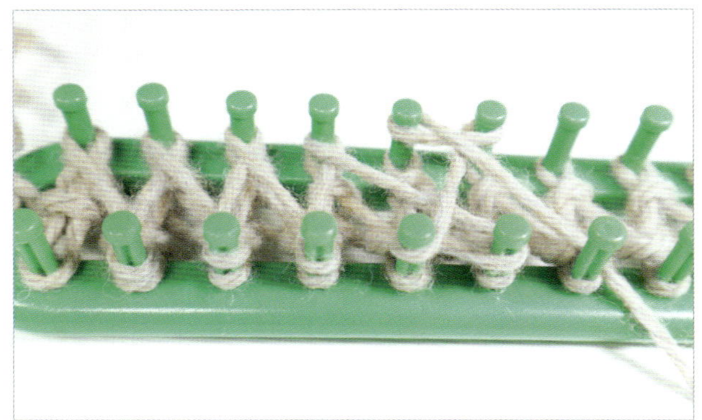

5. 위쪽 핀도 6번째를 먼저 감고 5번째를 감아 줍니다.

6. 다음 핀 12개는 처음처럼 Stockinette Figure 8 무늬로 감아 주고 과정 4, 5처럼 14번째 핀과 13번째 핀을 차례로 감는 형식으로 진행합니다.

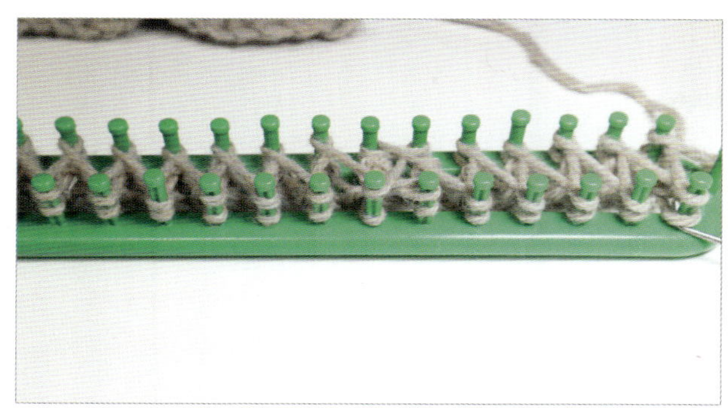 

7. 나머지 4개 핀은 Stockinette Figure 8로 감고 후크로 넘깁니다.

8. 왼쪽 방향으로 돌면서 감을 때는 꼬는 무늬 없이 그냥 진행합니다.

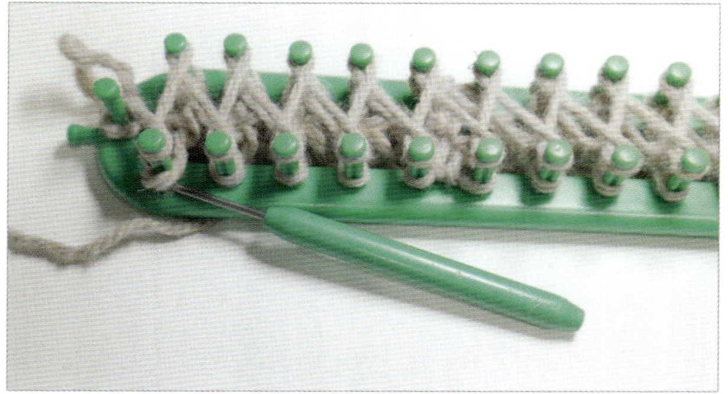 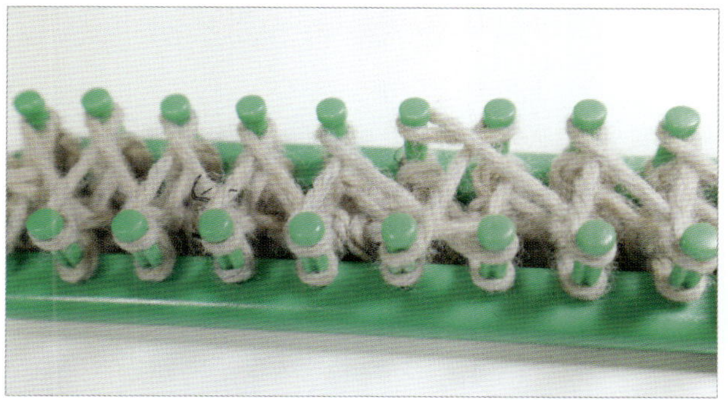

9. 후크로 아랫실을 넘깁니다.

10. 다음 단은 과정 4~9처럼 무늬를 냅니다(오른쪽으로 감아갈 때는 무늬를 내고 후크로 넘긴 후 왼쪽으로 감아갈 때는 그냥 갑니다).

11. 사진과 같이 40센티를 뜹니다.

12. 〈마무리〉 위쪽 줄의 매듭을 아래쪽 줄에 모두 끼우고 코막음합니다(롱뜨개룸 기본설명 참고).

13. 다 뜨고 나서 반대로 접습니다.

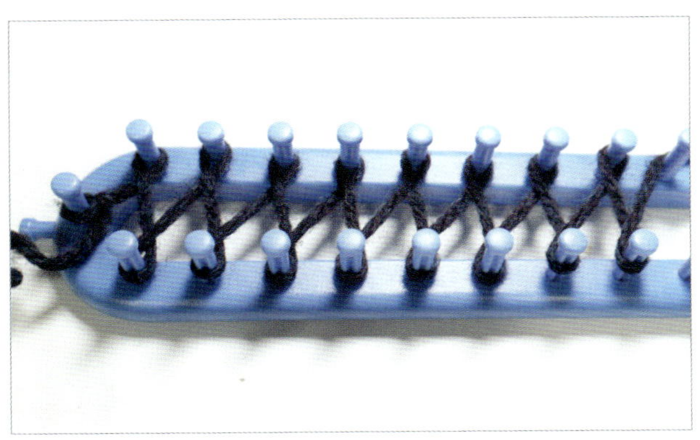

14. 〈가방 옆면〉 8개의 핀을 이용해 Stockinette Figure 8 뜨기로 감습니다(뜨개룸의 길이는 상관없어요).

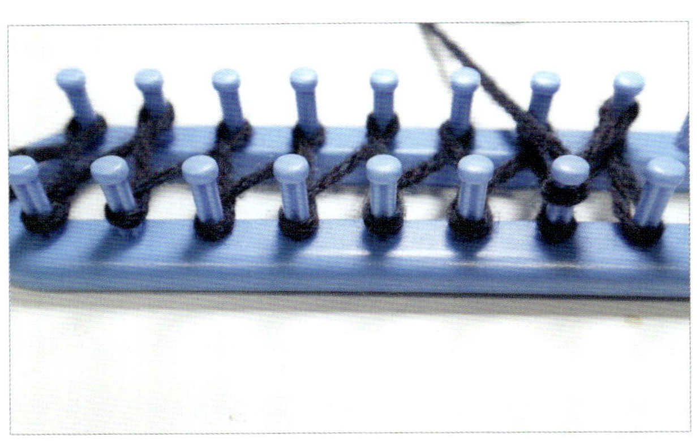

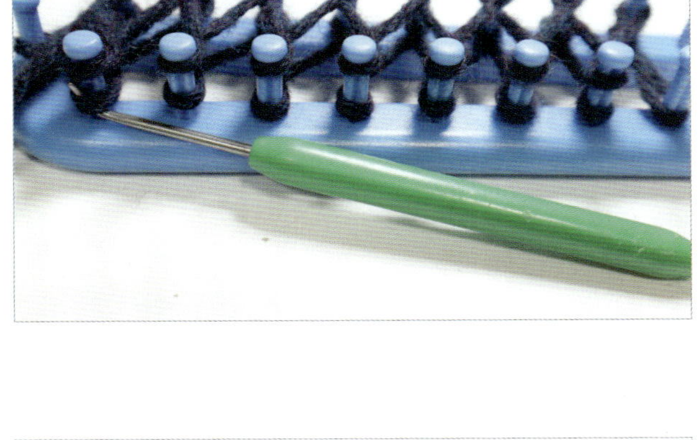

15. 되돌아가면서 같은 모양으로 감고 후크로 넘깁니다.

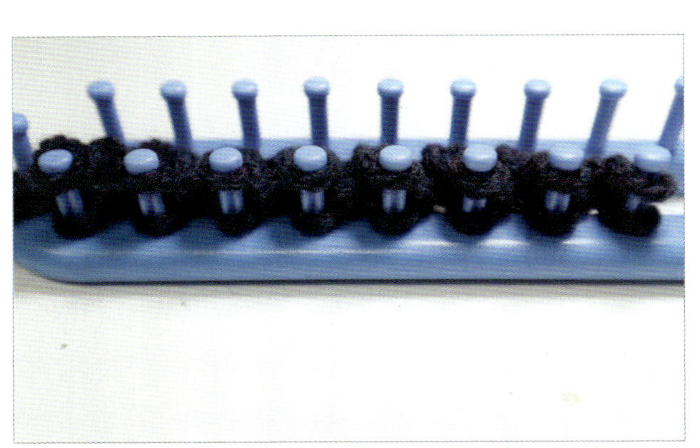

16. 20센티를 뜨고 나서 과정 12와 마찬가지로 마무리 합니다.

17. 같은 길이로 2장을 만듭니다.

18. 처음에 만든 앞면과 옆면을 짧은뜨기로 꿰맵니다(돗바늘로 꿰매도 상관없어요).

19. 윗부분도 네이비색으로 짧은뜨기를 합니다.

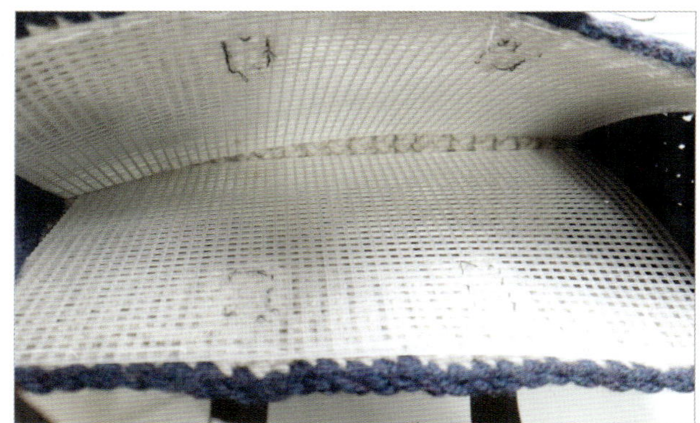

20. 가방 안쪽에 지지할 수 있는 플라스틱 심지를 사이즈에 맞게 잘라 대주고 실로 꿰맵니다.

21. 가죽 손잡이는 가방 무늬에 맞춰 꿰매 줍니다.

파스텔모칠라 스타일 가방

두툼한 패브릭얀으로 빠른 시간에 뜨는 가방을 만들어 보세요.

materials: 파빠르 패브릭얀, 29cm 라운드뜨개룸, 후크, 플라스틱 돗바늘, 코바늘, 가위, 본드

참고: 짧은뜨기(114쪽)

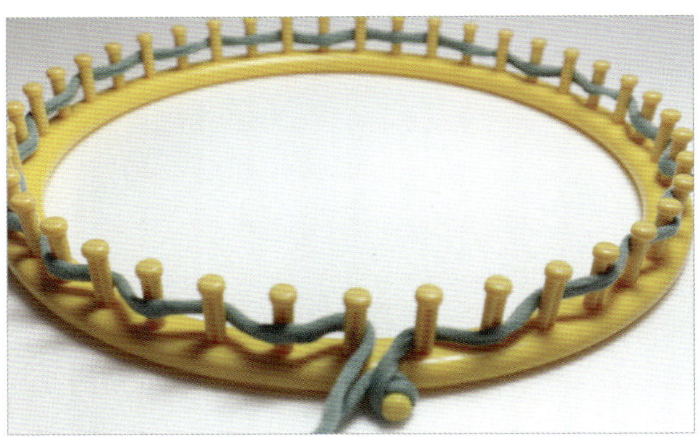

1. 시작핀에 실을 감고 핀 하나씩 건너뛰며 걸어 줍니다.

2. 두 번째 단은 실이 안 걸린 핀에 엇갈리게 감습니다.

3. 기본감기로 핀 하나씩 건너뛰면서 감습니다.

4. 안 감긴 핀에 감으며 한 바퀴 더 감아 줍니다.

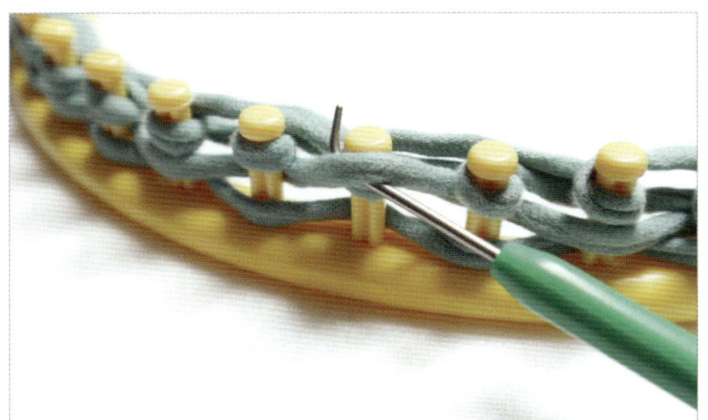

5. 아랫실을 후크로 넘깁니다.

6. 3~5까지 반복하여 20단 정도를 뜨고 민트색 실은 잘라내고 회색 실을 묶어 줍니다.

7. 색을 바꾸고 다시 과정 3~5번을 반복해 뜹니다.

8. 원하는 길이만큼 뜬 후 밑부분의 실끝을 잡아당겨 오므려 줍니다.

9. 뒤집으면 사진과 같은 무늬가 나타납니다.

10. 코바늘로 윗부분에 짧은뜨기를 해 줍니다.

11. 〈끈 만들기〉 핀 한 개를 이용해 처음엔 시계 방향으로 두 번 감아 넘기고, 그다음부터는 한 번만 감아서 넘깁니다.

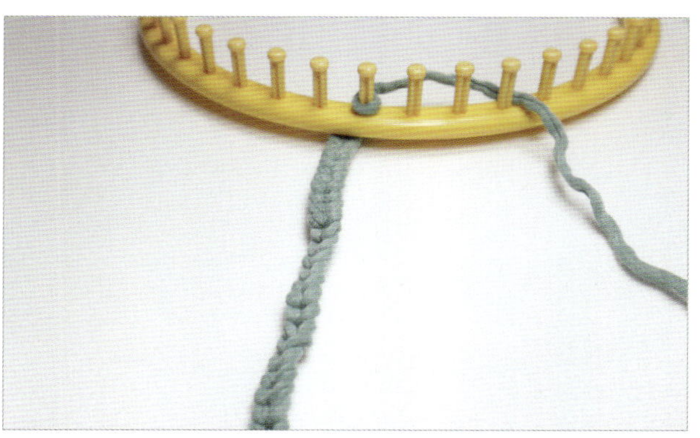

12. 계속 반복해서 긴 끈을 만듭니다.

13. 〈태슬 만들기〉 실을 일정한 길이로 몇 가닥 자릅니다.

14. 자른 실은 간추려 반으로 접고 다른 실로 윗부분을 감아서 본드로 붙여줍니다.

15. 과정 11에서 만든 끈에 태슬을 연결합니다.

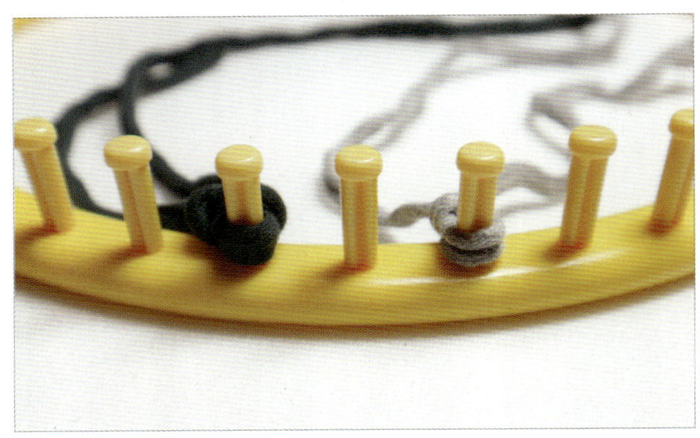

16. 〈어깨끈 만들기〉 색깔이 다른 실을 사진과 같이 매듭을 만들어 걸어 줍니다.

17. 녹색 실을 비어 있는 오른쪽 핀에 시계 방향으로 감습니다.

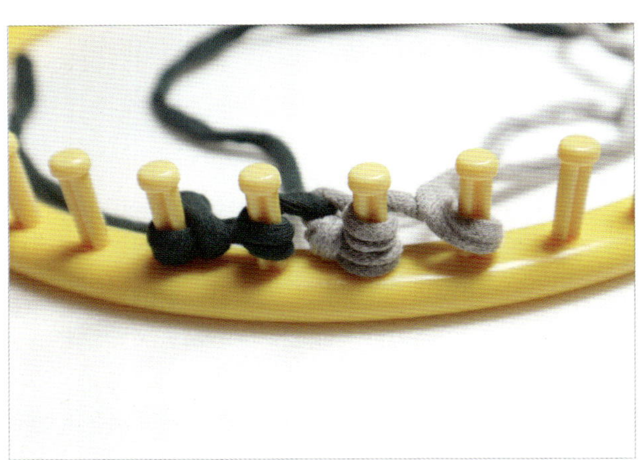

18. 회색 실과 녹색 실을 함께 한 번 꽈준 뒤, 매듭을 묶었던 핀과 바로 오른쪽 핀에 시계 방향으로 감습니다(실을 연결하기 위함). 두 올이 된 회색 첫 번째 핀만 후크로 넘깁니다. 회색 실을 걸어 놓은 핀에 시계 방향, 왼쪽 회색 실이 있는 핀에 시계 반대 방향으로 한 번씩 감은 뒤 후크로 넘깁니다.

녹색 실과 회색 실을 다시 한 번 꽈주고 녹색이 묶인 핀 2개에 모두 시계 반대 방향으로 감습니다. 두 올이 감긴 녹색 실을 후크로 넘깁니다. 녹색 실을 시계 방향으로 둘 다 감으면서 돌아온 뒤 후크로 넘깁니다.

19. 18번 과정을 반복하면 사진(끈의 안쪽 면)처럼 양쪽 색이 다른 어깨끈이 떠집니다.

20. 완성된 어깨끈은 모칠라 가방에 돗바늘로 꿰매어 줍니다.

단추 숄더백

뜨개룸을 이용해 독특한 무늬를 만들어 단단하면서도 예쁜 무늬의
숄더백을 만들어 봅니다.

materials: 뉴스타킹, 24cm 라운드뜨개룸, 후크, 플라스틱 돗바늘, 코바늘,
가위, 단추, 자석 똑딱이
참고: 코막음(98쪽), 짧은뜨기(114쪽)

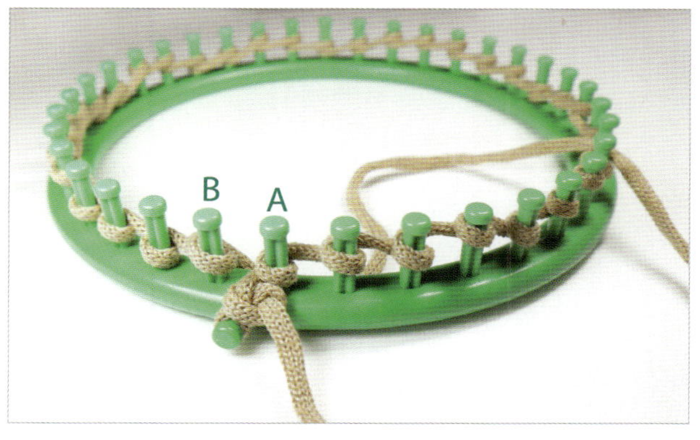

1. 기본 겉뜨기로 A~B까지 한 바퀴 감습니다. 두 번째
단에서는 A부터가 아니라 B핀을 한 번 더 감고 반대
로 돌면서 시계 반대 방향으로 감아 줍니다.

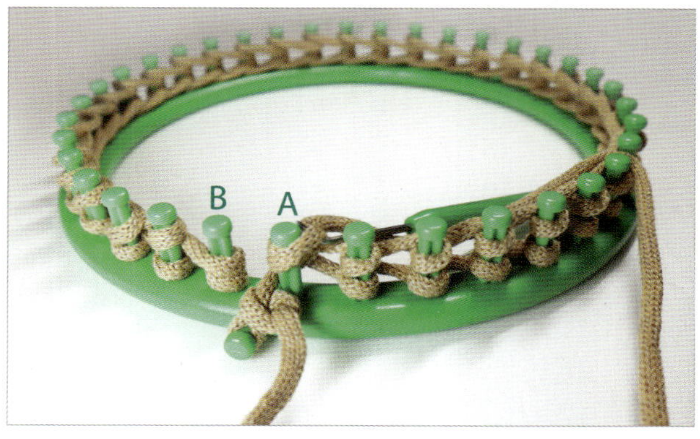

2. A와 B 사이가 연결되어 있지 않죠? 그러면 후크로
아랫실을 넘깁니다.

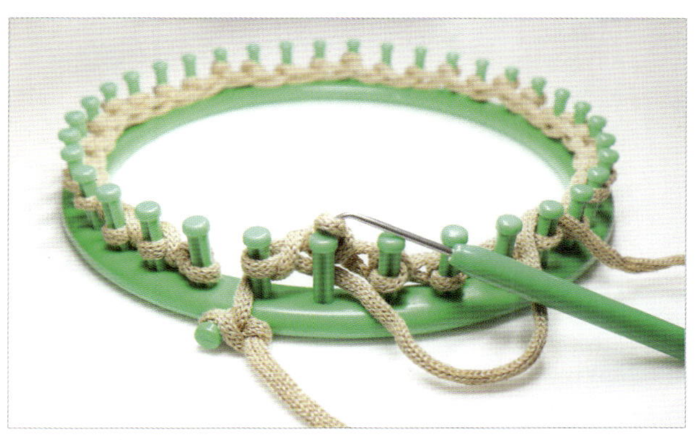

3. 첫 번째 핀은 그대로 두고 두 번째 핀의 매듭을 후크
에 끼워 빼냅니다. 실을 핀 뒤에 가도록 두고 빼냈던
매듭을 그대로 다시 끼웁니다.

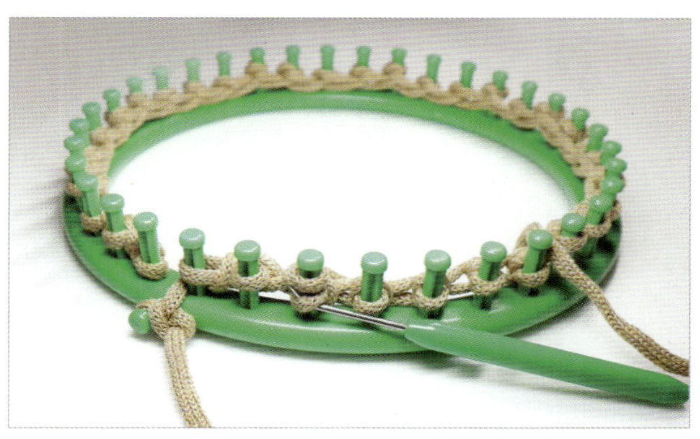

4. 세 번째 핀은 기본감기(시계 방향으로 감기) 후에 후
크로 넘깁니다. 네 번째 핀은 두 번째 핀과 동일하
게 해 줍니다.

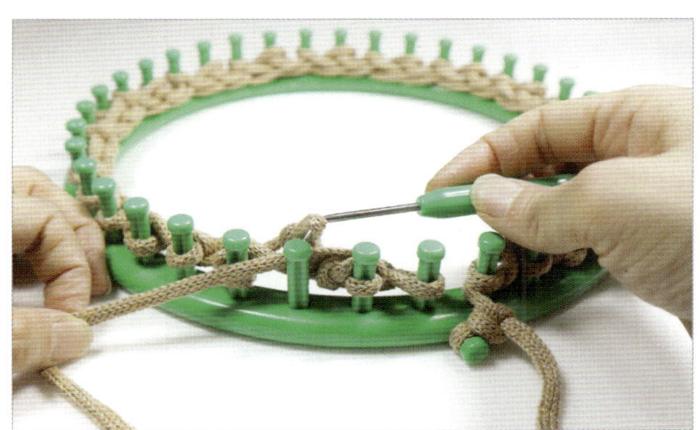

5. 무늬는 단이 바뀔 때마다 엇갈리게 해 주세요.

6. (뜨개룸 밑에서 본 무늬 모양) 32센티 정도 뜨고 나
서 코막음합니다.

7. 코바늘을 이용해서 짧은뜨기로 4면을 뜹니다.

8. 사진처럼 1/3을 접어 옆면을 돗바늘로 꿰맵니다.

9. 윗부분을 덮고 포인트 단추와 자석 똑딱이를 달아 줍니다.

10. 체인 끈을 달아 어깨에 매거나 손에 들고 다니는 클러치로도 좋아요.

11. 핸드폰이나 지갑을 넣고 다닐 수 있어요.

그물 가방

황마와 램스울 두 가지 실을 섞어서 그물무늬로 된 그물 가방을 만들어 봅니다.

materials: 황마, 램스울, 29cm 라운드뜨개룸, 후크, 플라스틱 돗바늘, 코바늘, 가위
참고: 그물무늬뜨기(97쪽), 코막음(98쪽)

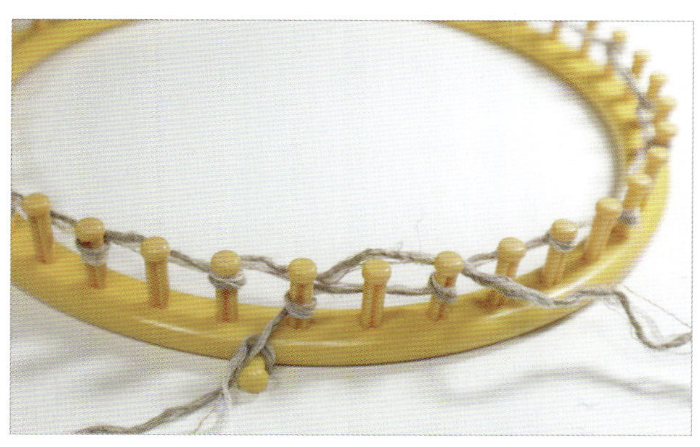

1. 황마와 램스울 두 가지 실을 준비합니다. 시작핀에 실을 감고 한 핀 걸러 한 핀씩 기본감기를 합니다.

2. 두 번째 단은 안 감긴 핀에 감습니다.

3. 그물뜨기로 한 바퀴 감아 주고 후크로 아랫실을 넘깁니다.

4. 그물뜨기로 원하는 길이만큼 뜹니다.

5. 코막음하여 뜨개룸에서 분리합니다.

6. 코막음한 부분을 다른 색 실로 짧은뜨기하여 마무리
해 줍니다.

7. 짧은뜨기로 마무리한 모습.

8. 〈끈 만드는 과정〉 핀 2개를 이용해서 8자로 감고 두 올이 되면 밑의 실을 넘기면서 손잡이 끈을 만듭니다.

9. 손잡이 길이가 적당해졌을 때 핀 2개에 걸린 실을 한
쪽으로 모으고 아랫실을 넘긴 후 마지막 매듭에 남
은 실을 끼워 마무리합니다. 똑같은 길이로 하나 더
뜹니다.

10. 끈을 가방 양쪽에 꿰맵니다.

11. 밑면 부분의 실을 잡아당겨 오므려 주고 양끝을 묶
어 마무리 짓습니다.

12. 심심한 공간에 걸어 놓을 인테리어 소품으로도 좋
습니다.

스웨터 컵홀더

라운드뜨개룸으로 가터뜨기가 들어간 컵홀더를 만들어 보세요.

materials: 메가, 14cm 라운드뜨개룸, 후크, 플라스틱 돗바늘, 코바늘, 가위, 단추
참고: 가터뜨기(97쪽), 코줄이기(100쪽), 코막음(98쪽), 짧은뜨기(114쪽)

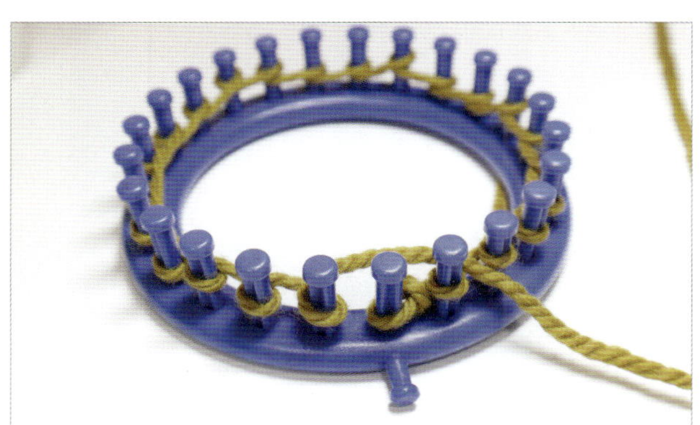

1. 매듭을 만들어 첫 번째 핀에 걸고 기본감기로 두 바퀴 감아서 후크로 넘깁니다.

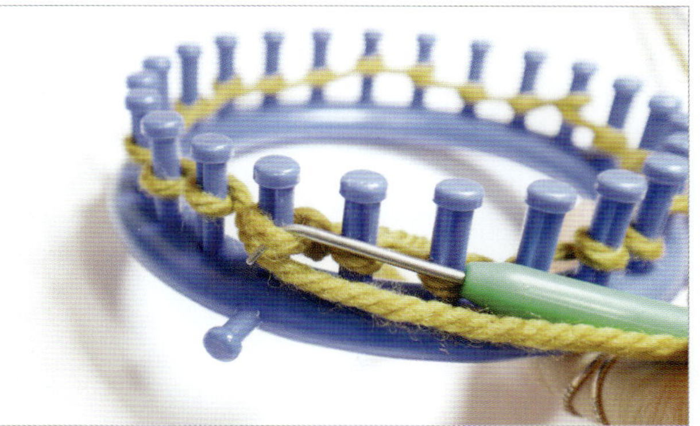

2. 두 번째 단은 안뜨기를 합니다(가터뜨기가 됩니다).

3. 기본뜨기 한 단 – 안뜨기 한 단(가터뜨기)을 4번 반복합니다(가터뜨기 4단).

4. 밑부분을 위에서 본 모습.

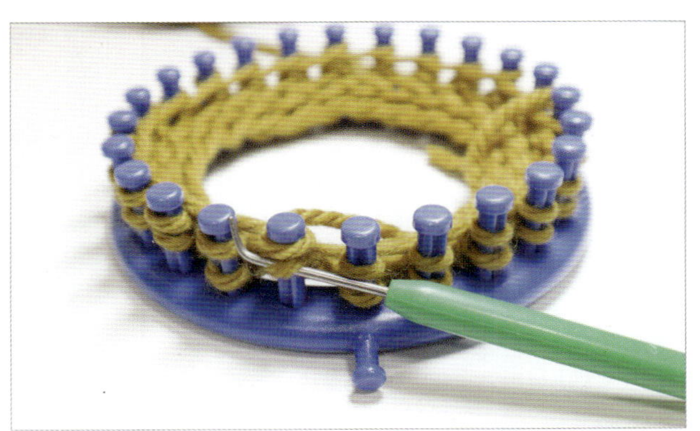

5. 기본뜨기(시계 방향으로 감고 넘기기)로 5단을 뜹니다.

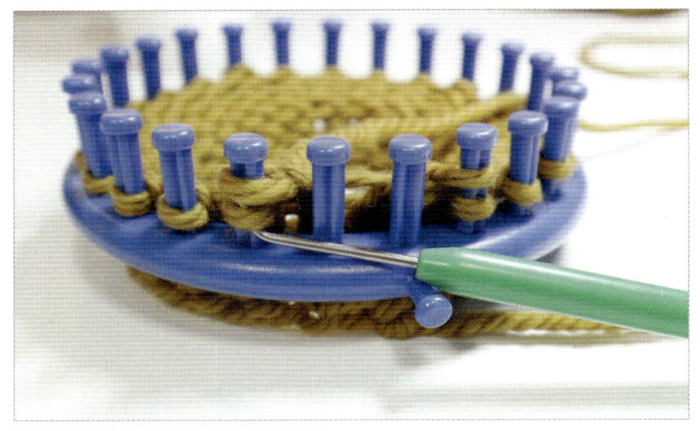 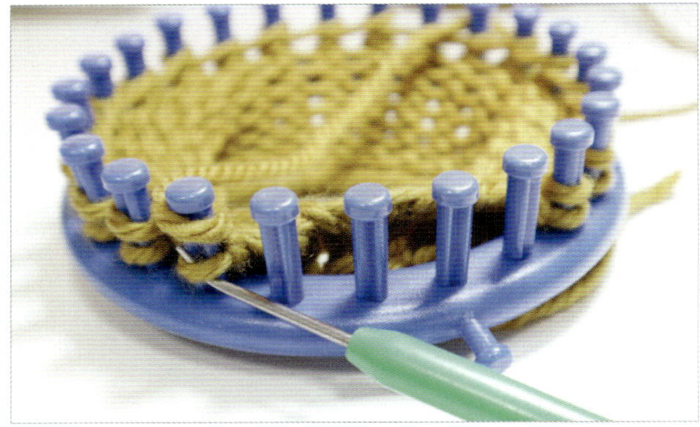

6. 〈코 줄이기〉 앞의 두 핀에 걸린 매듭을 양쪽 핀으로 각각 옮긴 뒤 아랫실을 넘깁니다.

7. 기본뜨기로 한 단을 감고 후크로 넘깁니다.

8. 과정 6, 7번을 반복하고 앞쪽 핀 여섯 개를 비워 둡니다.

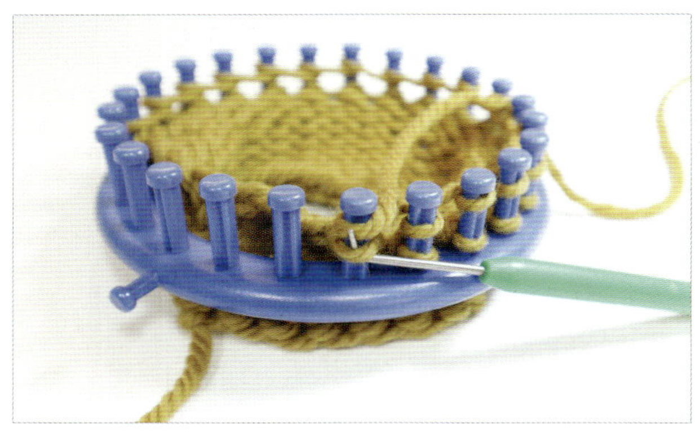 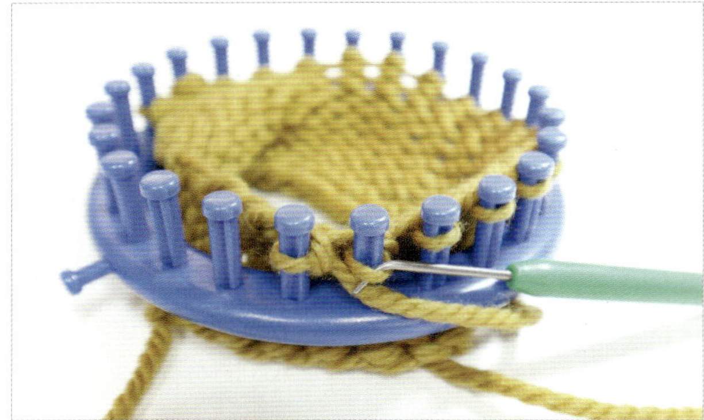

9. 남은 핀에는 기본감기 한 단 – 안뜨기 한 단(가터뜨기)을 4번씩 합니다(가터뜨기 4단).

10. 코막음으로 마무리해 줍니다.

11. 코막음으로 마무리한 모습.

12. 끝부분은 다른 색 실로 짧은뜨기를 이용해 마무리합니다.

13. 단추나 액세서리를 달아서 꾸며 줍니다.

14. 테이크아웃 컵홀더로도 좋아요!

엮음 발판

롱 뜨개룸을 이용한 무늬 중 Honey combo 무늬로 입체감 있는
발판을 만들어 봅니다.

materials: 뉴스타킹, 44cm 롱뜨개룸, 후크, 코바늘, 가위
참고: 롱뜨개룸 응용 무늬 중 Honey combo(107쪽)

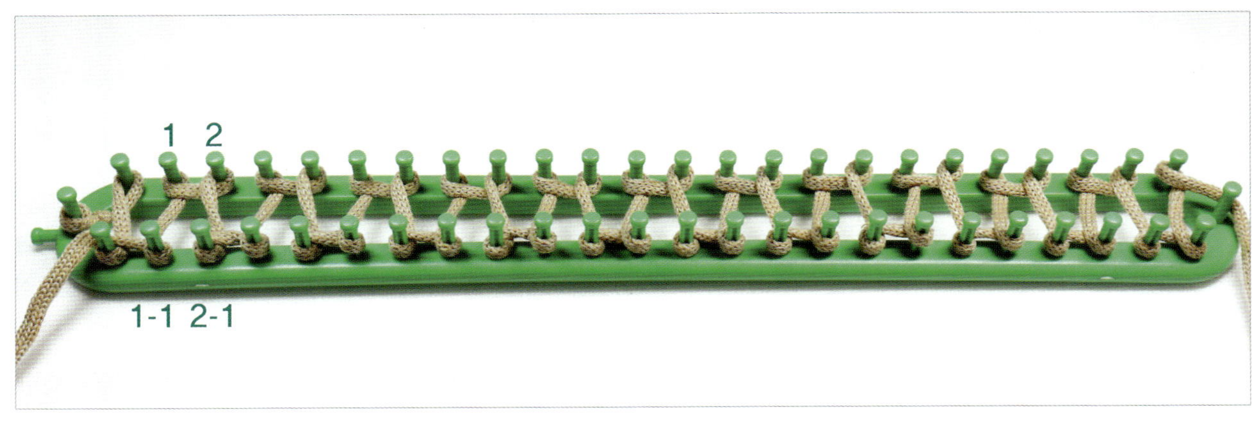

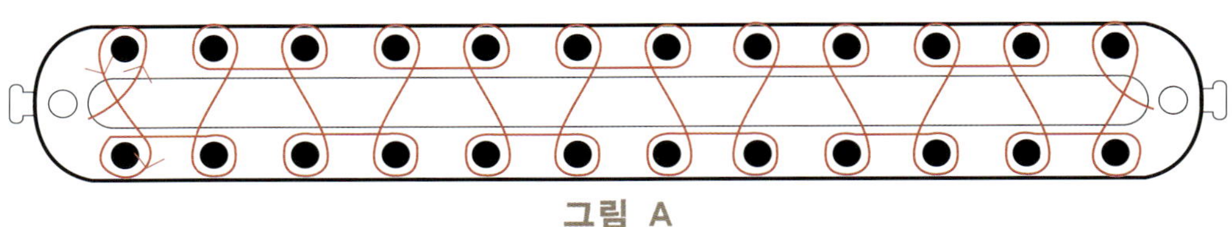

그림 A

1. 고리를 만들어 시작핀에 고정하고 먼저 1을 시계 반대 방향으로 감은 후 1-1과 2-1을 감습니다. 2-1에서 2로 옮겨 실을 감습니다(그림A 참고). 그림처럼 끝까지 감습니다. 오른쪽에서 왼쪽으로 진행할 때도 똑같은 모양이 되도록 감아 줍니다.

2. 아랫실을 후크로 넘깁니다. 같은 방법으로 3단(한 번 감고 후크로 넘기기를 3번)을 뜹니다.

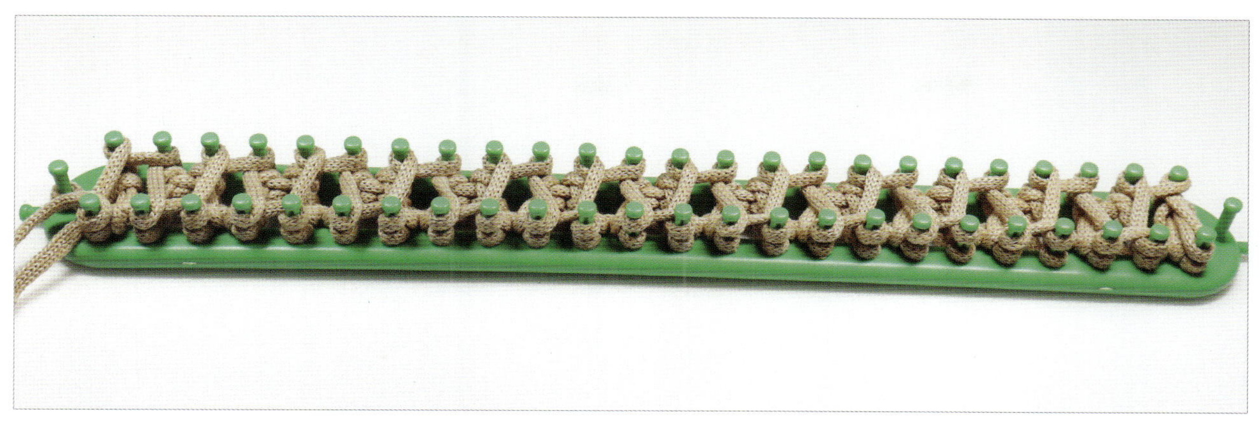

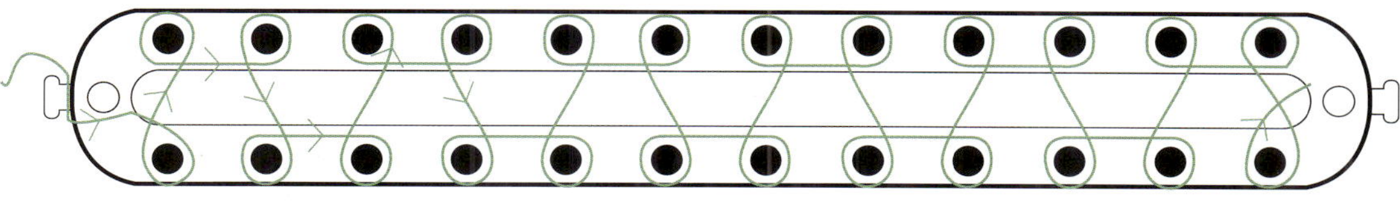

그림 B

3. 다음은 그림 B처럼 위아래를 반대 모양으로 감아 줍니다.

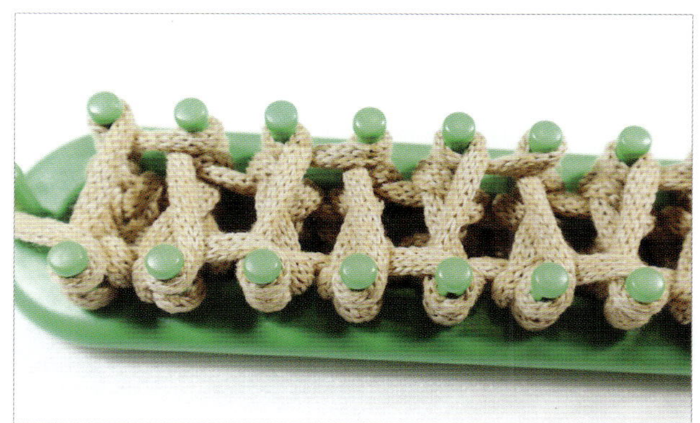

4. 마찬가지로 3단을 뜹니다.

5. 1~4까지 반복해서 원하는 길이로 뜹니다.

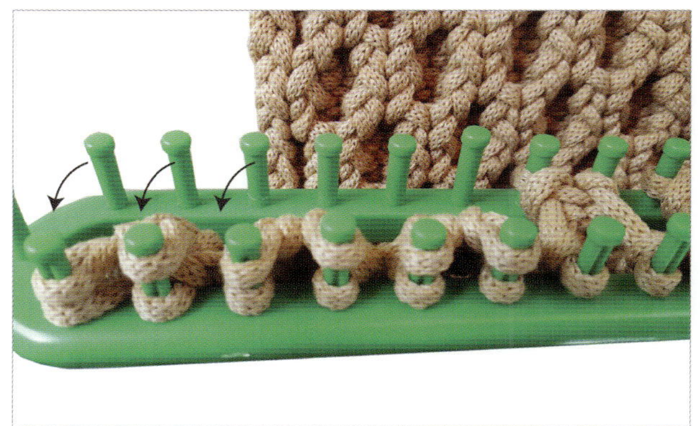

6. 양쪽에 걸려 있는 실매듭을 한쪽으로 다 옮기고 후크를 이용해서 아래 매듭을 넘깁니다(핀엔 한 단만 남게 되겠죠).

7. 첫 번째 핀과 바로 옆 핀에 걸린 매듭을 사진처럼 코바늘에 걸어 앞 매듭을 뒤 매듭 사이로 통과시켜 마무리합니다.

8. 자르고 남은 끝부분 실을 코바늘에 걸어서 남은 매듭 사이로 통과시킵니다(7번으로 마무리할 수도 있지만 끝부분이 수축하여 모양이 틀어지니 이 과정은 꼭 필요해요).

9. 나머지 부분은 과정 7, 8번을 반복해서 끝부분을 마무리합니다.

10. 〈태슬 달기〉 발판과 다른 색 실을 같은 길이로 잘라 반으로 접습니다.

11. 둥글게 접힌 부분을 발판 끝부분의 매듭에 끼웁니다.

12. 실 반대쪽을 둥근 부분에 끼우고 당겨서 마무리합니다.

13. 장식술이 달린 모습.

러블리 쿠션

꽈배기 무늬를 이용해서 쿠션을 만들어 보세요.

materials: 메가, 44cm 롱뜨개룸, 후크, 플라스틱 돗바늘, 가위, 쿠션솜, 단추
참고: 코막음(98쪽)

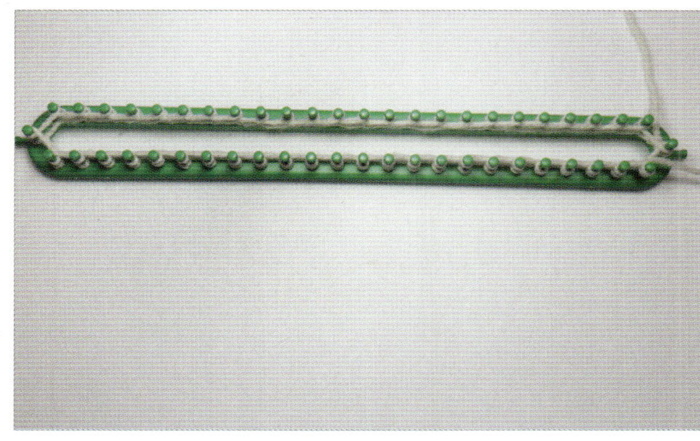

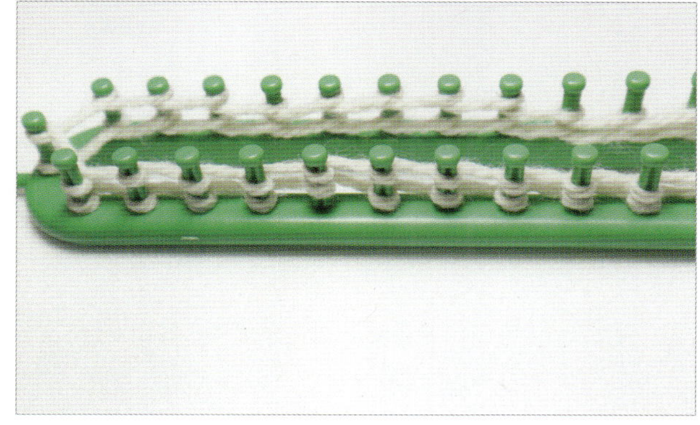

1. 기본감기를 이용해 원통 형태로 2단을 감아 줍니다.

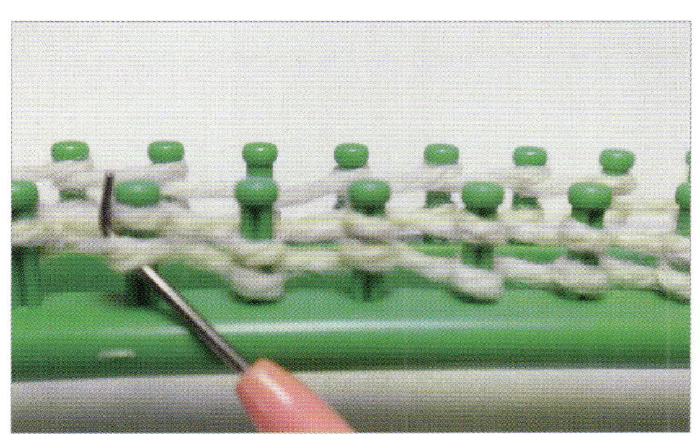

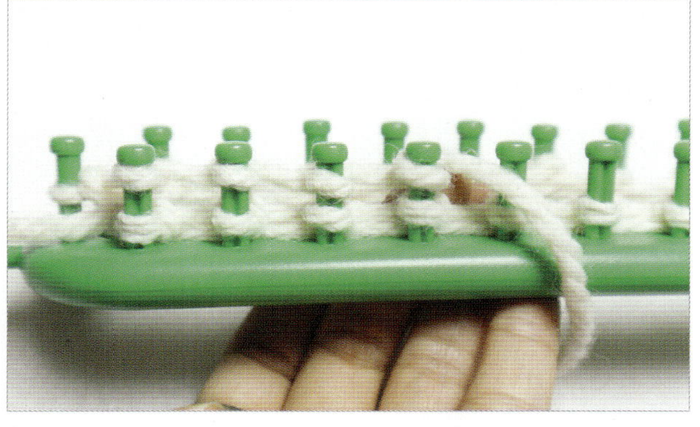

2. 후크로 넘깁니다.

3. 세 번째 감을 때는 처음 4개 핀을 기본감기로 감고 넘깁니다.

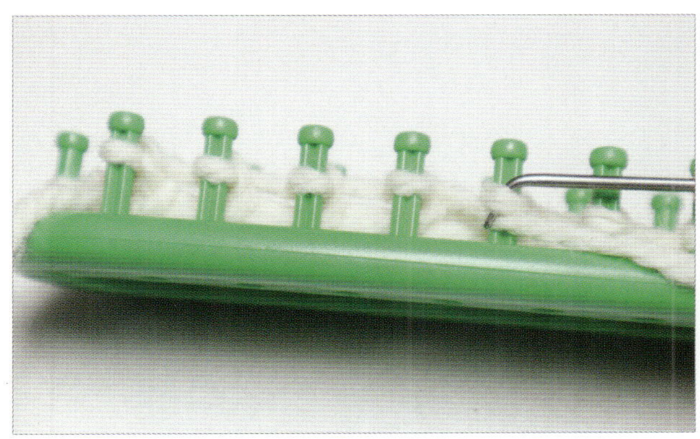

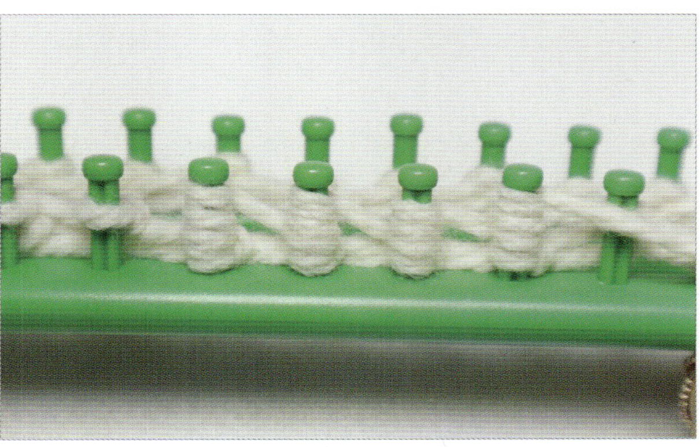

4. 5번째 핀에는 안뜨기를 합니다(꽈배기를 돋보이게 하기 위해서예요).

5. 6~9번째 핀은 꽈배기 과정입니다. 기본감기로 3바퀴를 감아 줍니다(핀 4개).

6. 맨 아래 매듭만 후크로 넘깁니다.

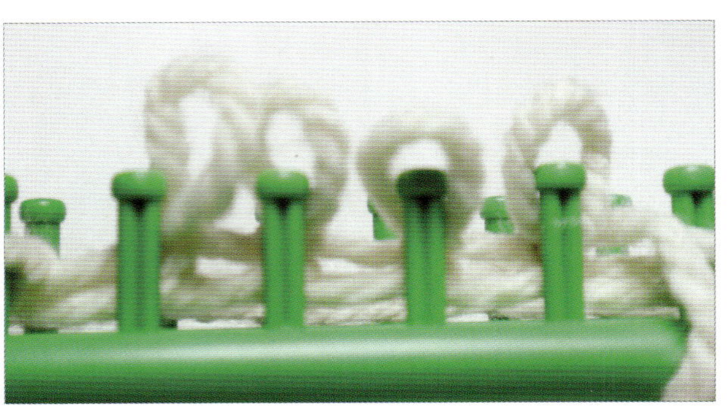

7. 세 올 감긴 매듭을 모두 핀에서 빼냅니다. 그러면 실이 풀어지면서 고리가 하나씩 남게 됩니다(실을 꽈배기로 꼬기 위해선 고리가 커야 해요).

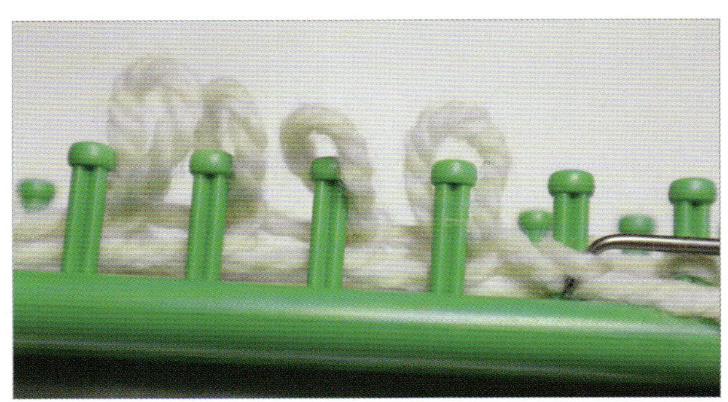

8. 실을 빼낸 4번째 바로 옆 핀(10번째 핀)에는 안뜨기를 해 줍니다.

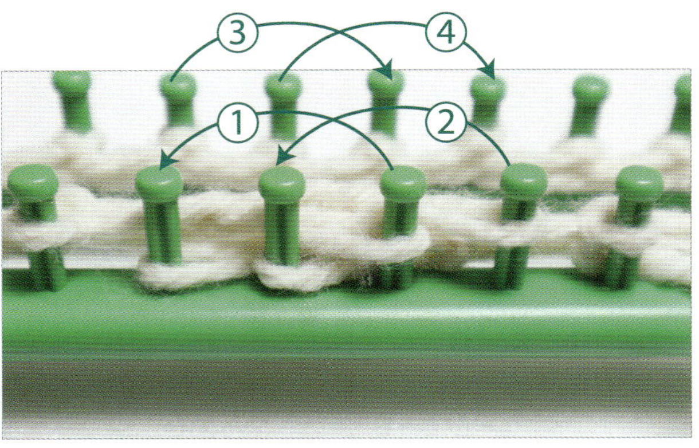

9. 사진과 같이 8번째 핀의 실을 6번째 핀에, 9번째 핀의 실을 7번째 핀에, 6번째 핀의 실을 8번째 핀에, 7번째 핀의 실을 9번째 핀에 끼워 줍니다.

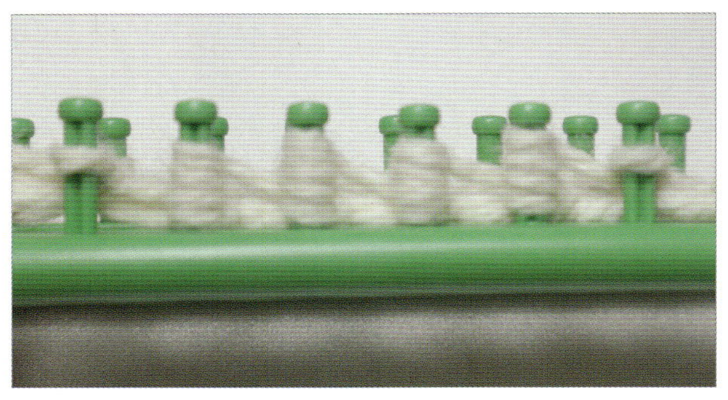

10. 11~13번째 핀에는 기본감기를 하고 14번째는 안뜨기, 15~18번째는 과정 5~9번처럼 꽈배기 무늬를 넣어 주세요.

11. 19번째 핀은 안뜨기를 해 주고 마지막 5핀은 기본감기를 한 후 후크로 넘깁니다.

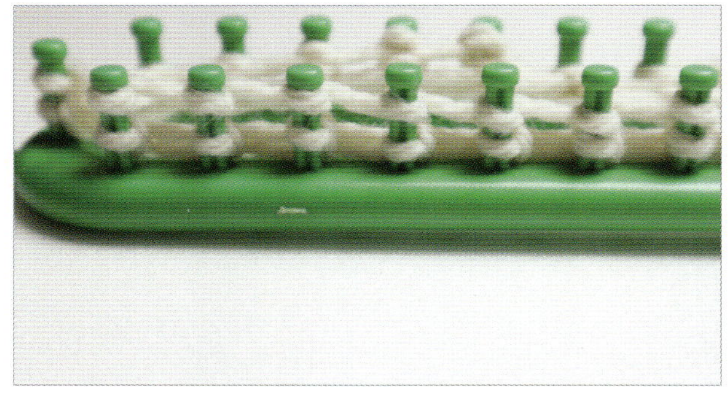

12. 뒷부분은 무늬를 넣지 않고 기본감기를 한 후에 밑의 실을 후크로 넘깁니다.

13. 다시 앞부분으로 돌아와서 1~4번째 핀은 기본감기, 5번째 핀은 안뜨기를 합니다.

14. 꽈배기한 핀에는 모두 기본감기, 안뜨기한 10번째 핀에는 안뜨기를 해 줍니다.

15. 이렇게 안뜨기 부분에는 안뜨기를 하고 나머지 부분에는 기본뜨기를 하여 4단을 뜨고 다시 꽈배기 과정을 진행합니다.

16. 반복해서 뜨면 사진과 같이 꽈배기 무늬가 들어간 쿠션이 만들어집니다.

17. 33센티 정도 뜨고 꽈배기가 있는 앞부분만 코막음을 합니다.

18. 뒷부분은 실을 다시 연결해서 기본감기로 덮개 28센티 정도를 떠준 뒤, 3번째 핀의 매듭을 4번째 핀에 끼우고 후크로 넘깁니다.

19. 사진과 같은 단춧구멍이 만들어집니다.

 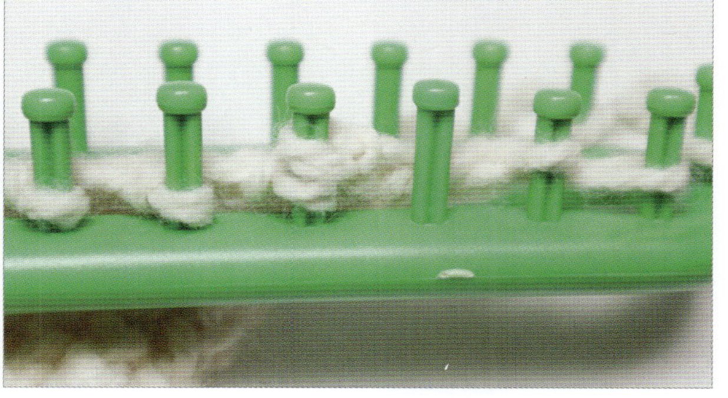

20. 중간의 원하는 부분에 과정 18번처럼 매듭을 옆 핀으로 옮기고 후크로 넘겨줍니다(매듭이 없는 부분은 나중에 단춧구멍이 됩니다).

21. 다음 단에선 비어 있는 핀까지 모두 기본감기를 해 주고 후크로 넘깁니다.

22. 안쪽에서 보면 비어 있던 핀 자리에 구멍이 생기는 걸 알 수 있습니다(단춧구멍).

23. 기본감기로 두 단을 더 뜨고 코막음합니다.

24. 돗바늘에 실을 꿰어 아랫부분을 꿰매고 단추를 답니다.

25. 쿠션솜을 넣어 줍니다.

26. 단추를 끼워 마무리합니다.

27. 예쁜 쿠션 완성!

17쪽

베이지 손팔찌

형태와 사이즈에 상관없이 뜨개룸의 핀 3개만 활용해서 만드는
간단한 형태의 손팔찌

materials: 뉴스타킹, 19cm 라운드뜨개룸, 후크, 플라스틱 돗바늘, 가위, 장식용 부자재

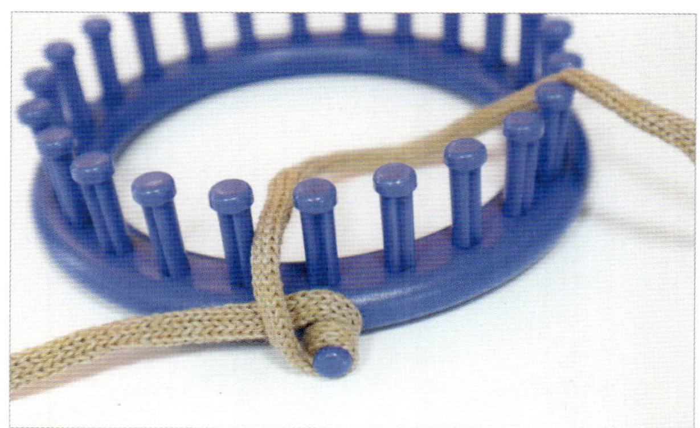

1. 시작핀에 실을 감아서 고정시킵니다.

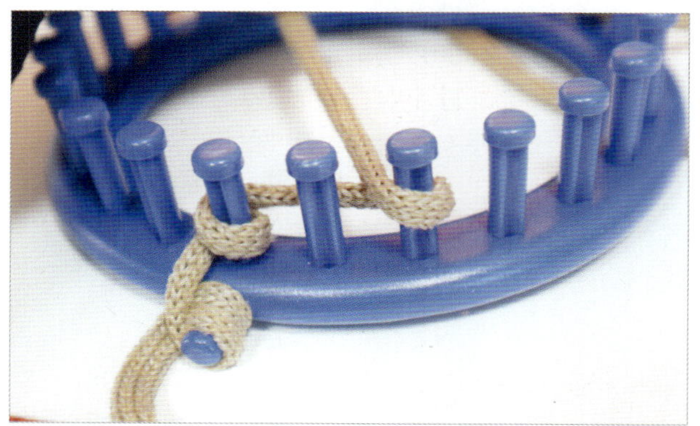

2. 핀 3개에서 가운데를 제외한 첫 번째와 세 번째 핀에
시계 방향으로 감습니다.

3. 첫 번째 핀에 시계 반대 방향으로 감고 세 번째 핀에
시계 방향으로 감은 뒤 후크로 아랫실을 넘깁니다.

4. 실이 묶여 있는 세 번째 핀에 시계 방향으로 먼저 감
고 첫 번째 핀에 시계 반대 방향으로 감고 후크로 넘
깁니다.

5. 실이 묶여 있는 첫 번째 핀을 감고 세 번째 핀을 감
은 뒤 후크로 넘기세요(실이 묶여 있는 핀을 먼저 감
습니다).

6. 과정 4, 5번처럼 실이 묶여 있는 핀부터 감고 옆의
핀을 감으면서 후크로 넘깁니다. 원하는 팔찌 길이
만큼 뜹니다.

7. 〈마무리〉 세 번째 핀에 있는 매듭을 첫 번째 핀으로 옮기고 아래 매듭을 후크로 넘깁니다. 실은 20cm 정도 남기고 잘라냅니다.

8. 취향에 따라 안쪽과 바깥쪽에 액세서리를 달아 줍니다.

9. 끈은 묶을 길이만큼만 남기고 사진처럼 매듭을 짓고 고리를 넣은 후 다시 매듭을 지어서 장식합니다.

10. 양쪽 끈을 묶어 완성해 주세요.

11. 여러 가지 장식으로 꾸며 보세요.

배색 손팔찌

그물뜨기를 응용한 배색 팔찌예요. 간단하면서도 재미있는 작품이랍니다.

materials: 파바르, 14cm 라운드뜨개룸, 후크, 가위

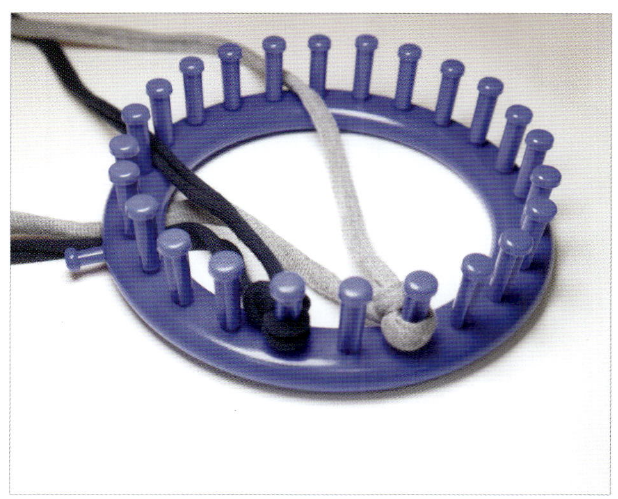

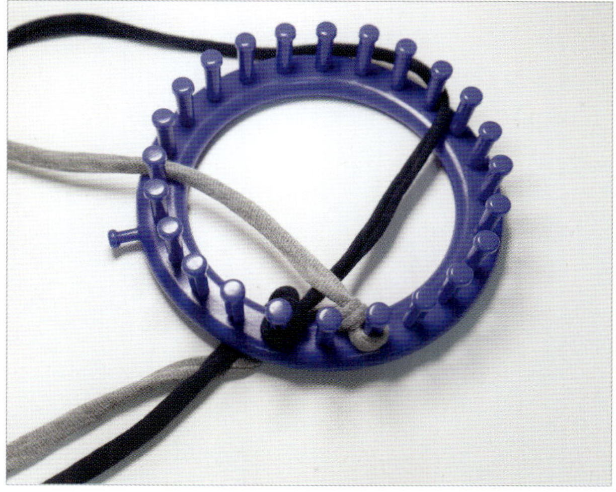

1. 핀 3개에서 가운데를 제외한 첫 번째와 세 번째 핀에서로 다른 색깔로 고리를 만들어 걸어 줍니다.

2. 두 개의 실을 엇갈리게 놓습니다.

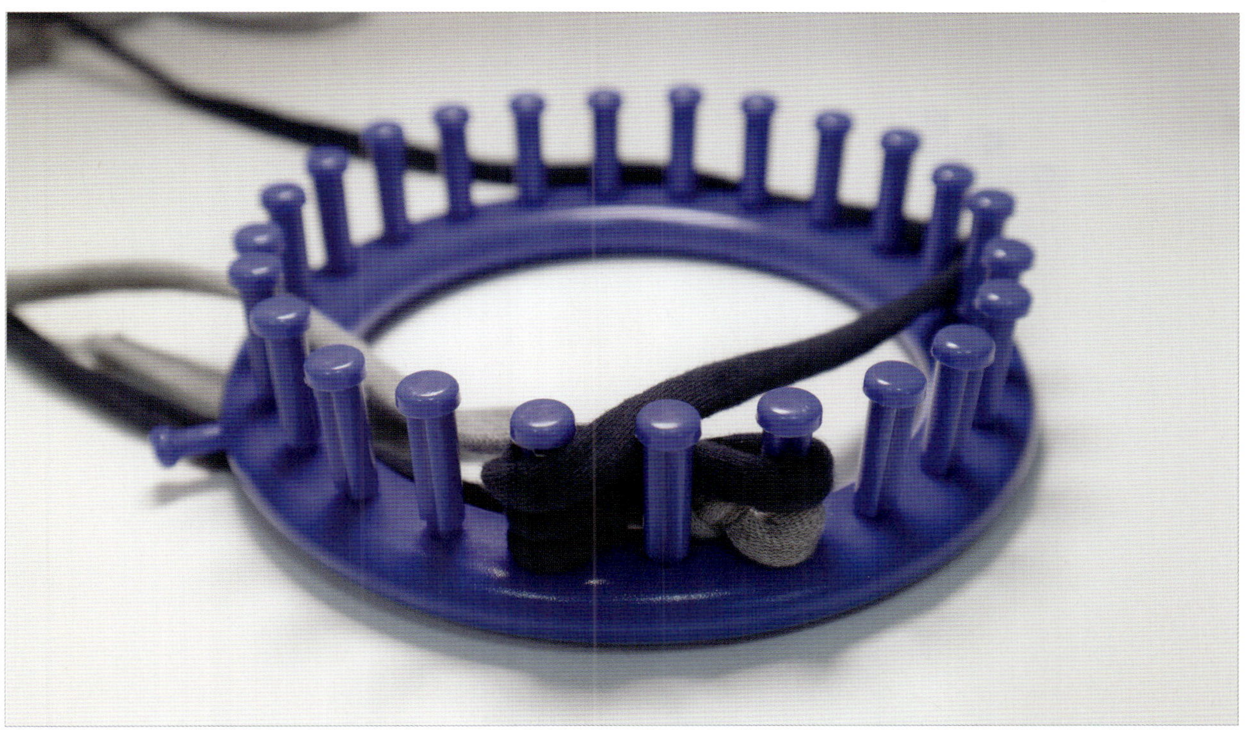

3. 파란색 실을 오른쪽 회색 실이 감긴 핀에 시계 방향으로 감고 돌아와서 시계 반대 방향으로 감은 뒤 아랫실을 후크로 넘깁니다.

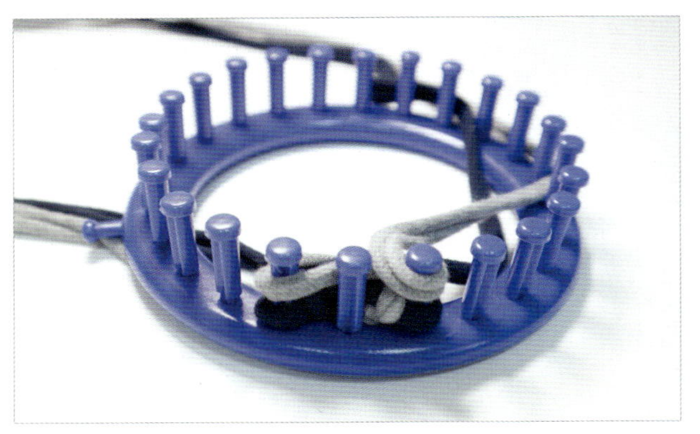 

4. 회색 실을 왼쪽 파란색 실이 감긴 핀에 시계 반대 방향으로 감고 돌아와 시계 방향으로 감아준 뒤 후크로 넘깁니다.

5. 과정 3, 4번을 반복하여 손목에 맞게 뜹니다.

 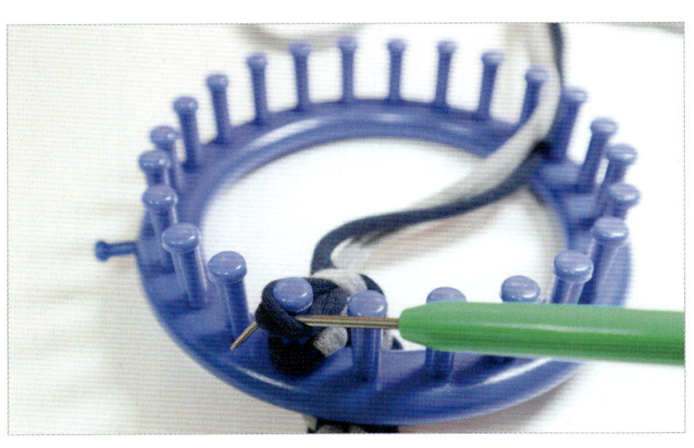

6. 크기는 손목에 맞게 조절하세요.

7. 〈마무리〉 오른쪽 핀에 걸린 매듭을 왼쪽으로 옮긴 뒤 후크로 넘기고, 하나 남은 매듭에 실을 끼워 빼냅니다.

8. 끝부분에 고리 장식을 끼워 마무리합니다.

9. 예쁜 팔찌 완성.

도넛 애견 장난감

기본적인 겉뜨기를 하고 안쪽은 안뜨기 무늬를 이용해서 오므리기로 귀여운 도넛 모양의 애견 장난감을 만들어 봅니다.

materials: 파빠르 패브릭얀, 14cm 라운드뜨개룸, 후크, 플라스틱 돗바늘, 가위
참고: 겉뜨기(95쪽)

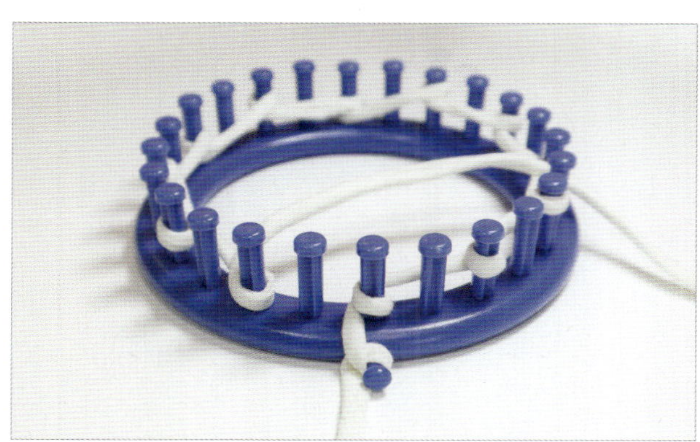

1. 흰색 패브릭얀 실을 핀 한 개씩 건너뛰어 감아 줍니다 (마지막에 이 부분을 오므리기 위해서랍니다).

2. 두 번째 단부터는 모두 다 감아 주고 후크로 넘깁니다. 이렇게 5단을 뜨개질합니다.

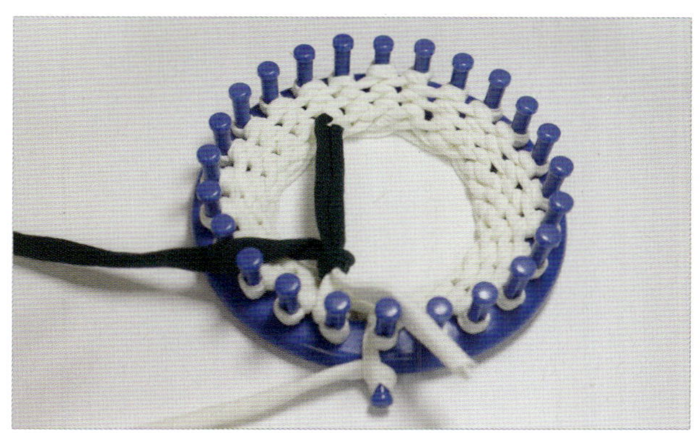

3. 녹색으로 바꾸기 위해 녹색 패브릭얀 실을 묶습니다.

4. 녹색 실을 감아준 뒤에 마찬가지로 후크로 흰색 실을 넘깁니다.

5. 녹색 실로 5단을 뜹니다. 다 뜨고 난 뒤에는 실을 뜨개룸 2바퀴 반 정도 감을 만큼만 남기고 가위로 잘라 줍니다.

6. 자른 실은 플라스틱 돗바늘에 꿰고 매듭 안으로 통과시켜 핀에서 도넛을 분리해 낸 후 뒤집어 줍니다.

7. 뜨개룸에서 분리해 낸 도넛은 녹색 실을 잡아당겨 가운데 구멍 크기를 조절합니다.

8. 반대쪽의 흰색 부분도 끝에 남은 실을 잡아당겨 녹색 구멍 크기만큼 오므려 줍니다.

9. 도넛 안쪽을 자투리실들로 골고루 채웁니다.

10. 속을 채운 모습.

11. 도넛 안쪽 끝부분을 돗바늘로 꿰맵니다.

12. 여러 가지 실로 장식을 합니다.

빨간 애견 딸랑이

뜨개룸 핀 2개만 이용해 긴 끈을 만들어 엮으면 되는 너무나 쉬운 애견 딸랑이를 만들어 보세요. 매듭 묶는 방법은 사진을 보고 그대로 따라 해 보세요.

materials: 파빠르 패브릭얀, 14cm 라운드뜨개룸, 후크, 플라스틱 돗바늘, 가위

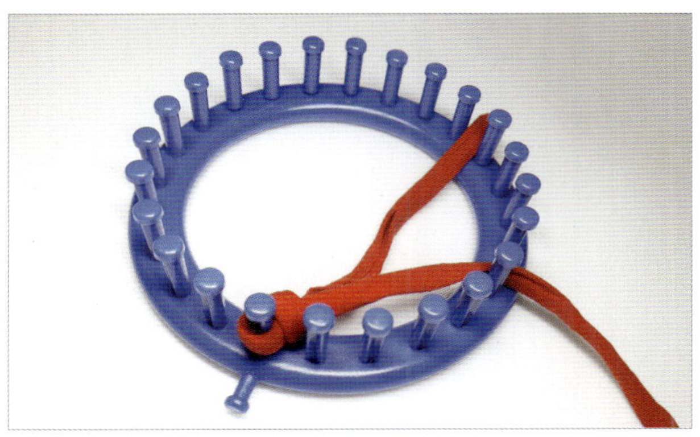

1. 매듭을 만들어 첫 번째 핀에 걸어 줍니다(매듭 만들기 참조).

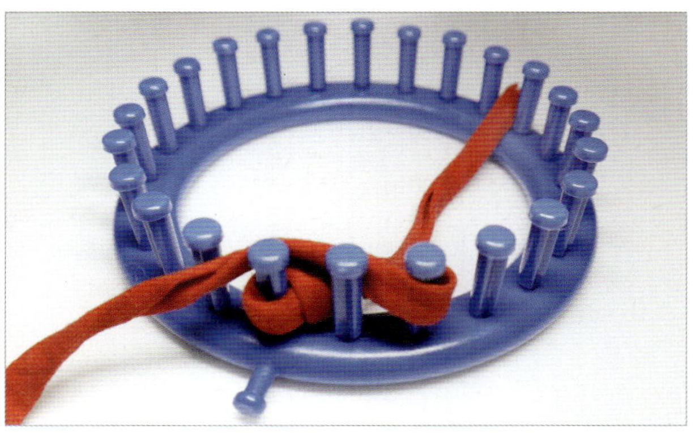

2. 핀 한 개를 건너뛰고 세 번째 핀에 시계 방향으로 실을 감고 다시 첫 번째 핀으로 돌아옵니다.

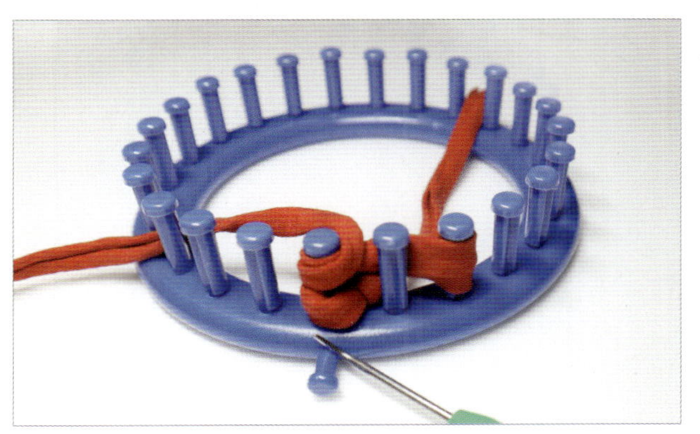

3. 첫 번째 핀을 시계 반대 방향으로 감습니다.

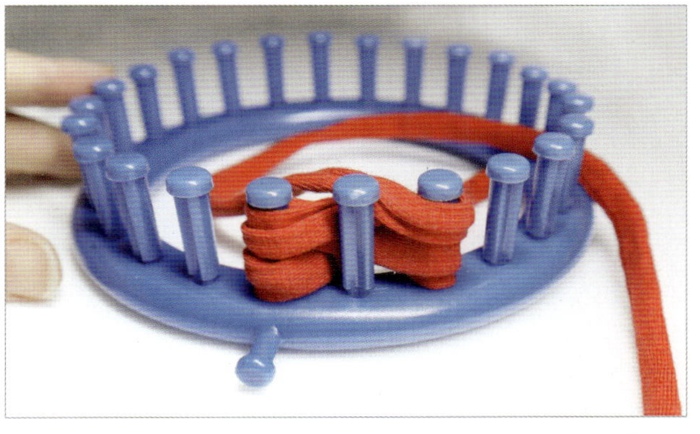

4. 다시 세 번째 핀을 시계 방향으로 감으면 한 핀에 두 번씩 실이 감기게 됩니다. 후크로 아랫실을 넘깁니다.

5. 세 번째 핀(시계 방향)과 첫 번째 핀(시계 반대 방향)에 한 번씩 감고 후크로 넘기기를 반복하면서 사진과 같이 50센티 정도 길이로 끈을 만듭니다.

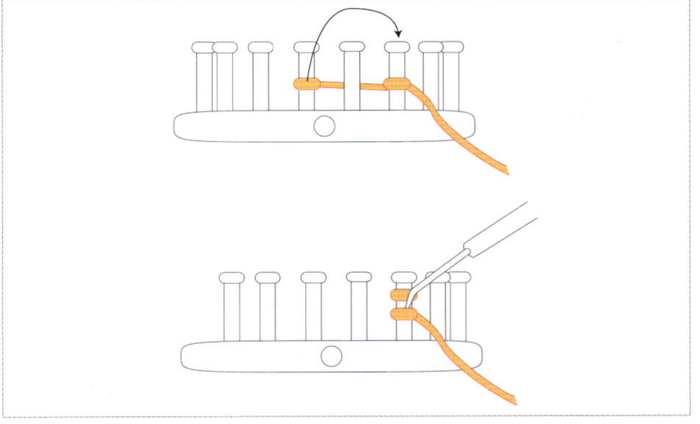

6. 〈마무리〉 첫 번째 핀의 매듭을 세 번째 핀으로 옮긴 뒤에 아랫실을 넘기고 고리를 만들 만큼 실을 여유롭게 자른 다음 그 실을 세 번째 핀의 매듭에 끼워 넣으며 뜨개룸에서 빼냅니다.

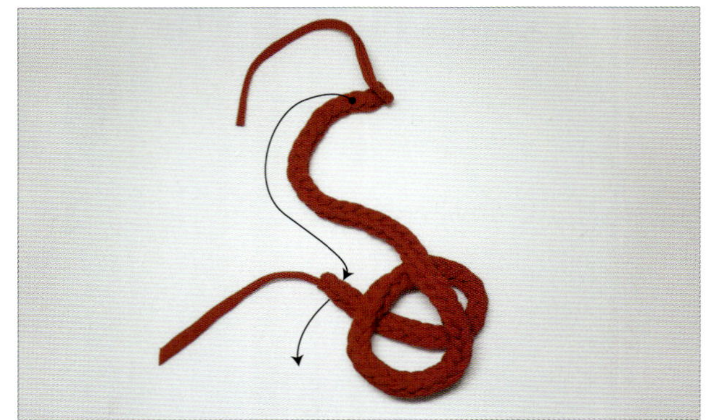

7. 사진과 같은 순서로 끈을 꼬아 놓고 끝부분을 화살표처럼 끈 아래로 통과시켜 놓습니다.

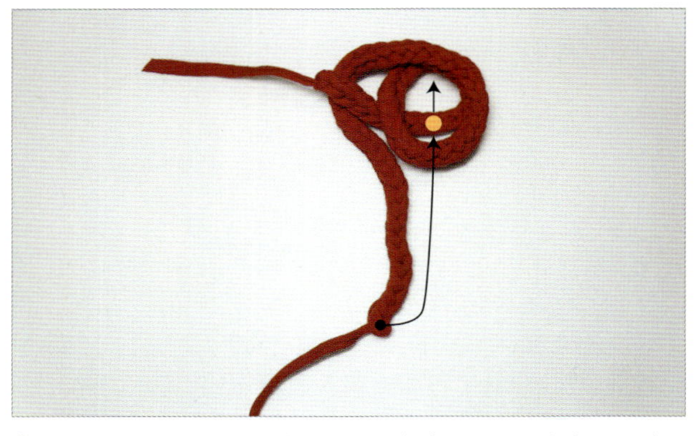

8. 그림의 화살표를 따라서 노란색으로 표시된 끈 밑으로 통과시킵니다.

9. 사진과 같이 아래쪽 고리를 통과합니다.

10. 화살표 방향으로 표시된 노란색 끈 밑으로 통과시킵니다.

11. 통과한 끈에 달린 실을 돗바늘에 꿰어 끈의 양쪽 끝 부분으로 통과시킵니다.

12. 끈 반대쪽에 남은 실과 묶어 손잡이처럼 고리를 만 듭니다.

귀요미 아기 모자

라운드 뜨개룸의 기본 모자에 포인트가 되는 귀를 코줄이기를 이용해서
만들어 줍니다.

materials: 메가, 19cm 라운드뜨개룸, 후크, 플라스틱 돗바늘, 코바늘, 가위
참고: 라운드뜨개룸 기본 사용법(101쪽), 가터뜨기(97쪽), 코줄이기(100쪽)

1. 처음 4~5단은 가터뜨기를 하고 그다음은 기본 겉뜨
기로 아기 머리에 맞게 모자를 뜹니다(가터뜨기와 겉
뜨기 참조).

2. 실을 적당히 자르고 돗바늘에 꿰어 핀에 걸려 있는
매듭을 빼 뜨개룸에서 모자를 분리한 후 오므려 묶
어줍니다.

3. 모자 완성

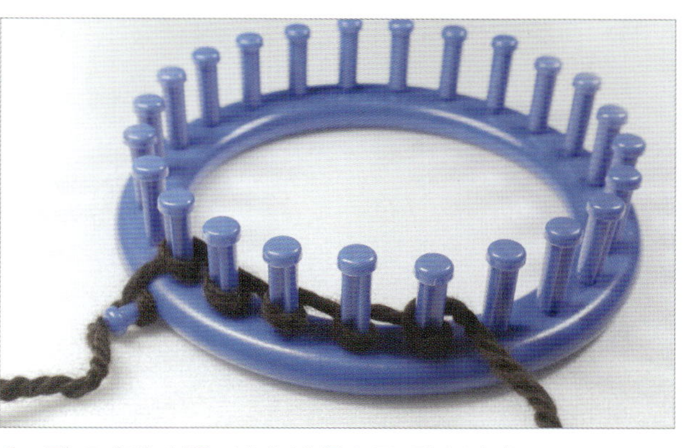

4. 핀 5개에 실을 시계 방향으로 감습니다.

5. 되돌아가면서 시계 반대 방향으로 핀 5개를 감은 뒤
후크로 넘깁니다.

6. 3단(한 번 감고 후크로 넘기기를 3번)을 뜨고 난 뒤
양쪽 끝의 매듭을 옆으로 옮겨 3핀으로 줄입니다.

7. 핀 3개 중 두 올이 된 양 끝핀의 매듭을 후크로 넘긴 뒤, 실로 한 번씩 감아 후크로 넘겨 한 단을 만듭니다.

8. 양쪽 핀에 있는 매듭을 가운데 핀으로 옮기고 후크로 아래 두 개의 실을 넘깁니다.

9. 돗바늘에 실을 꿰어 하나 남은 매듭을 통과시키면서 뜨개룸에서 뺍니다.

10. 삼각형 모양의 귀가 만들어집니다.

11. 코바늘을 사용해 테두리에 밝은 색 실로 짧은뜨기 를 합니다.

12. 바늘에 실을 매달아 모자 양쪽에 달아 줍니다.

13. 귀요미 아기 모자 완성~

방울 아기 신발

기본적인 겉뜨기를 이용해서 간단하게 아기 덧신을 만들어 봅니다.

materials: 메가, 플라워 뜨개룸, 후크, 플라스틱 돗바늘, 가위, 폼폼메이커
참고: 겉뜨기(95쪽)

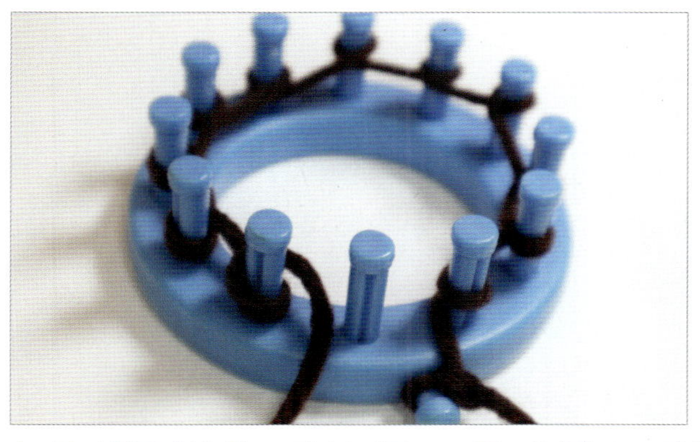
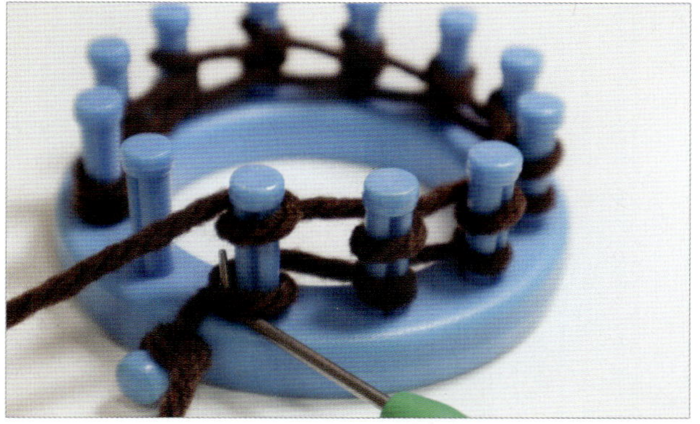

1. 플라워룸에서 한 코만 남겨두고 모두 기본감기로 감습니다. 그림 A로 돌아왔을 때는 그림 B처럼 감아준 뒤 후크로 넘깁니다.

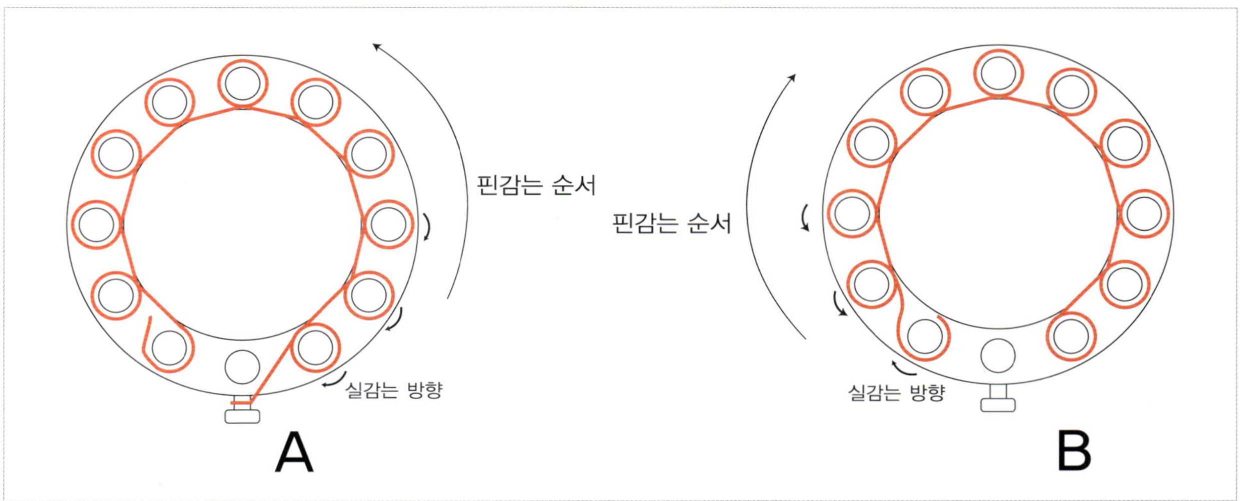

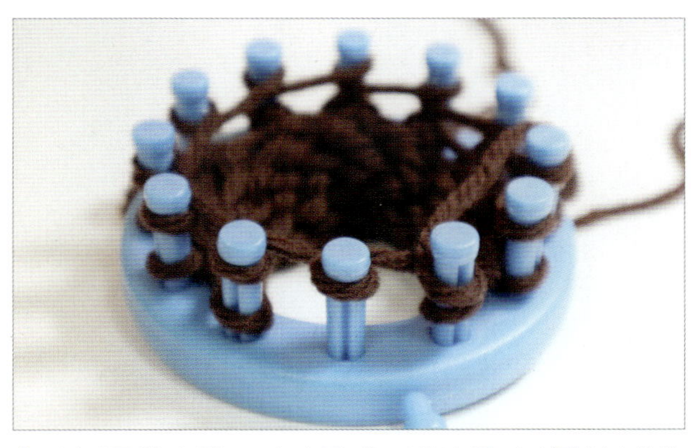

2. 발뒤꿈치에서부터 발가락 이전 부분까지만 뜹니다 (12~15단).

3. 남겨두었던 한 코까지 통째로 감아 뜹니다(덧신 부분).

4. 발 앞부분까지 6~7단을 더 뜹니다.

5. 모자뜨기 마무리처럼 돗바늘로 모든 매듭을 실에 꿰어 뜨개룸에서 분리합니다.

6. 모든 매듭을 돗바늘로 꿰맨 후 실을 당겨 끝부분을 오므려 줍니다.

7. 돗바늘로 바느질해 한 번 꿰맨 후 묶어 마무리합니다.

8. 뒷부분은 사진처럼 반듯하게 접어 끝을 맞춘 후에 다시 돗바늘로 남아 있는 실을 이용해서 꿰맵니다.

9. 뒤집어 주면 신발이 완성됩니다.

10. 폼폼으로 마무리(뒤에 리본을 달아 주면 더 예뻐요).

복주머니 아기 모자

라운드 뜨개룸으로 통으로 뜬 뒤 코막음으로 원통형을 만들고 중간에
묶을 끈을 만드는 것이 포인트.

materials: 메가, 19cm 라운드뜨개룸, 후크, 플라스틱 돗바늘, 코바늘, 가위
참고: 라운드뜨개룸 기본 사용법(101쪽), 코막음(98쪽)

1. 기본 겉뜨기로 아기 머리에 맞게 모자를 뜹니다(겉
뜨기 참조).

2. 원하는 만큼 뜨고 나서 코막음합니다(코막음 참조).

3. 모자 밑부분은 사진처럼 말리도록 놔둡니다.

4. 윗부분은 코바늘을 이용해 짧은뜨기로 아이보리색 실
을 한 바퀴 돌려줍니다.

5. 사진처럼 3개의 핀 중에 오른쪽 끝 핀은 시계 방향,
왼쪽 끝 핀은 시계 반대 방향으로 감고 후크로 넘깁
니다.

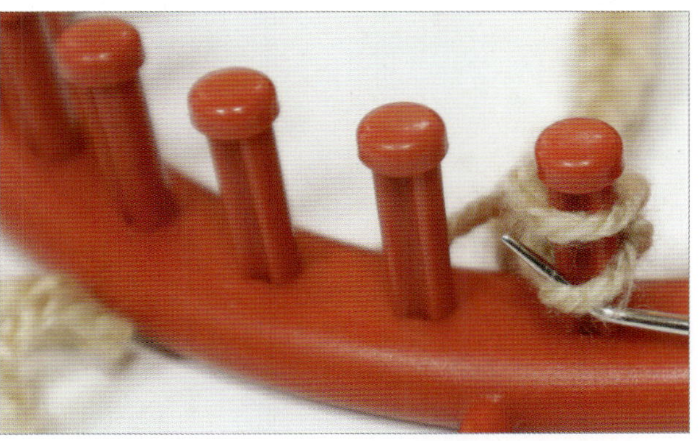

6. 오른쪽 핀에 감긴 코를 왼쪽 핀으로 옮기고 밑의 코
를 넘겨 마무리합니다.

7. 한 번씩 감으며 후크로 넘기기를 반복해 모자 둘레에 맞게 끈을 만들고, 마지막에 오른쪽 핀의 매듭을 왼쪽으로 넘긴 뒤 후크로 넘기고 실을 끼우면서 마무리합니다.

8. 끈은 모자 윗부분 중간중간에 끼우며 한 바퀴 돌아서 양쪽 끝을 묶어 방울처럼 만들어 줍니다.

9. 복주머니로도 예쁜 소품이 되죠~

만두 지갑

가터뜨기와 그물뜨기를 이용한 무늬와 코를 줄여서 납작한 원형을 만드는 방법을 익힐 수 있는 어디서도 볼 수 없는 기법입니다. 천천히 보면서 따라 해 보세요.

materials: 파빠르 패브릭얀, 24cm 라운드뜨개룸, 후크, 플라스틱 돗바늘, 가위
참고: 겉뜨기(95쪽)

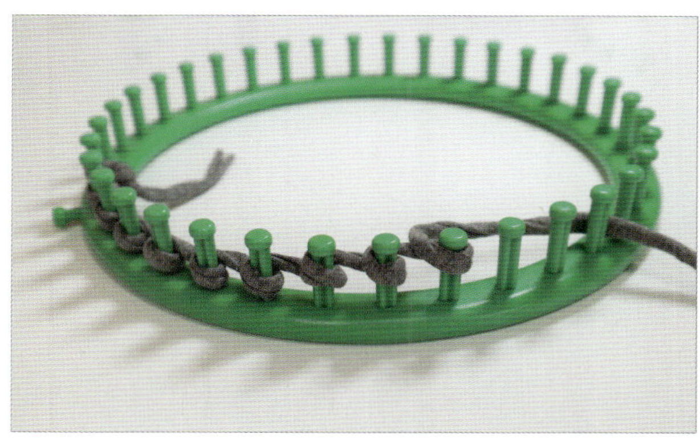

1. 겉뜨기(시계 방향으로 감기)로 두 번 감아 후크로 한 번 넘깁니다.

2. 가터뜨기로 4단을 뜹니다(가터뜨기 참조).

3. 다른 색 실을 연결해 묶습니다.

4. 실을 묶은 후 오른쪽 핀부터 감고 왼쪽 핀에 감습니다.

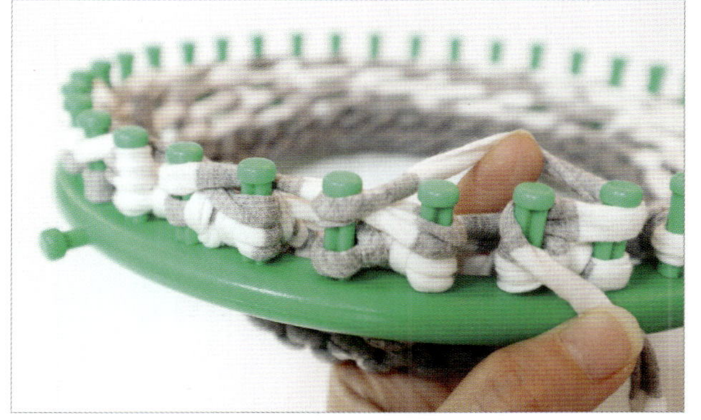

5. 핀 2개씩 짝을 지어 8자로 감습니다(그물뜨기 참조).

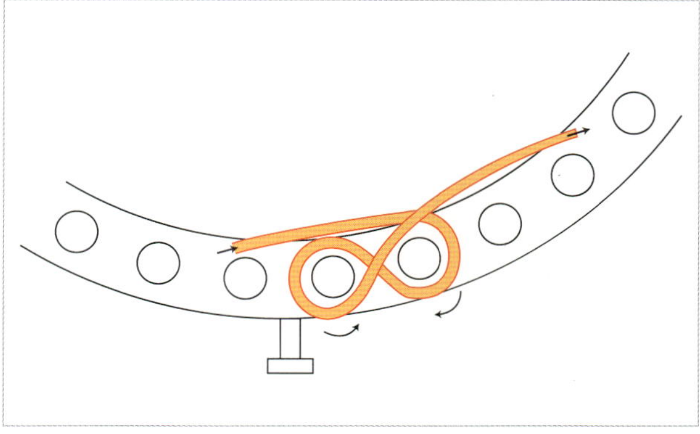

6. 핀 2개씩 짝을 지어 감은 모습입니다. 이렇게 5단
을 뜹니다.

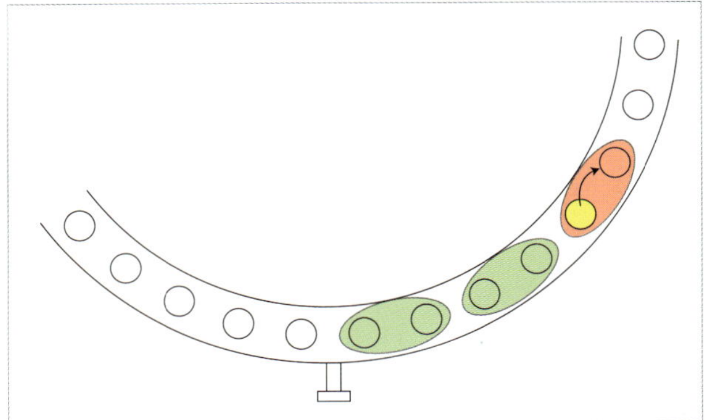

7. 짝지은 핀에서 두 번째(연두색)까지는 놔두고 세 번째(빨간색)에서 핀의 왼쪽 매듭(노란색)을 오른쪽 핀으로 옮깁니다.

8. 밑의 실을 후크로 넘깁니다.

9. 비어 있는 핀은 건너뛰고 실이 걸려 있는 핀에만 감
은 뒤 후크로 넘깁니다.

10. 〈줄이는 과정〉 핀 5개씩 실이 걸려 있는데 제일 오른
쪽에서 두 번째 핀의 코를 가장 오른쪽 핀으로 옮겨
걸어 줍니다. 돌아가며 같은 방법으로 진행합니다.

11. 9번 과정과 마찬가지로 실이 걸린 핀에만 감아 밑의
실을 후크로 넘깁니다.

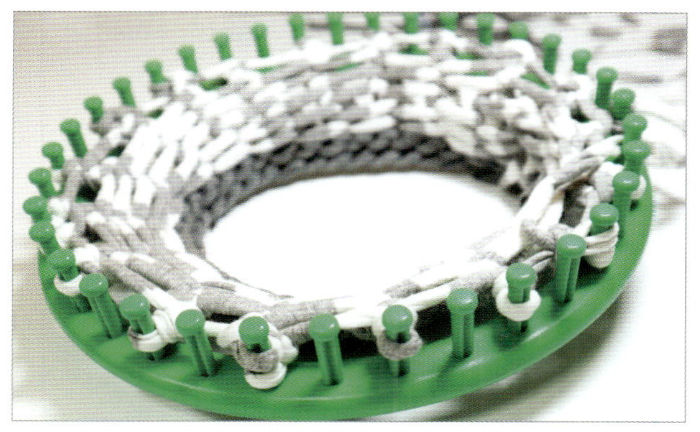 

12. 〈줄이는 과정〉 핀 3개씩 매듭이 걸려 있는데 그 가운데 핀의 매듭을 오른쪽 핀 위에 끼웁니다.

13. 9번 과정처럼 매듭이 있는 핀에만 실을 감고 후크로 넘깁니다.

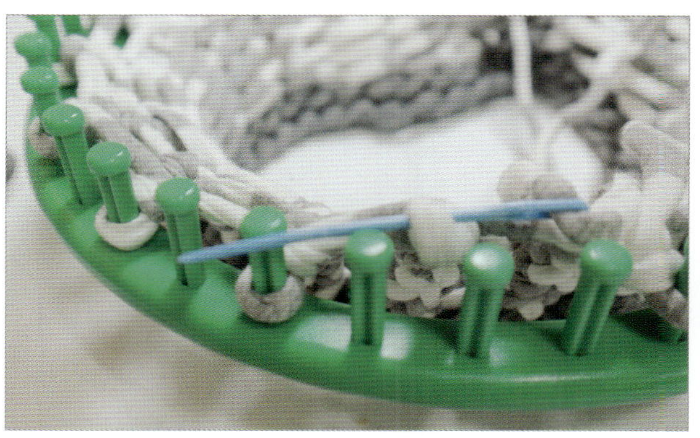 

14. 실을 넉넉한 길이로 잘라 돗바늘에 꿰고 핀에 감긴 매듭을 걸어 뜨개룸에서 뺍니다.

15. 실을 잡아당겨 끝을 오므립니다.

16. 반으로 접어 입구 쪽만 빼고 양쪽을 꿰맵니다.

17. 〈끈 만드는 과정〉 핀 하나로 겉뜨기를 반복해 고리 길이에 맞게 끈을 만든 후 마무리합니다.

18. 고리를 만들어 꿰맵니다. 반대쪽엔 원하는 단추를 달면 완성입니다.

19. 다른 색깔로 장식해도 좋아요.

빨간 바구니

라운드 뜨개룸과 패브릭얀으로 기본적인 바구니를 만들어 보세요.

materials: 파빠르 패브릭얀, 24cm 라운드뜨개룸, 후크, 플라스틱 돗바늘, 코바늘, 가위
참고: 그물뜨기(97쪽)

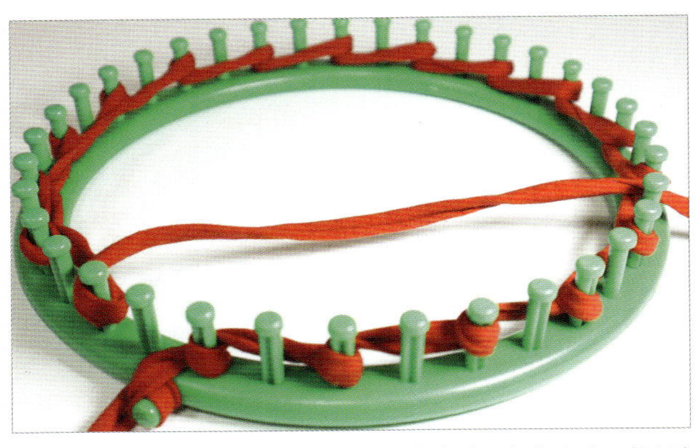

1. 시작핀에 실을 감은 뒤, 핀 하나씩 건너뛰며 기본감
기로 감아 줍니다.

2. 두 번째 단에서는 안 감긴 핀에 감습니다.

3. 모든 핀에 기본감기를 해 주고 밑의 실을 후크로 넘
깁니다.

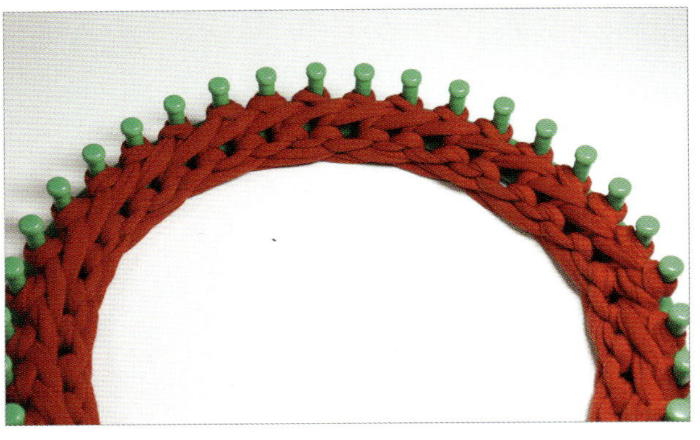

4. 그물뜨기로 원하는 깊이만큼 뜹니다(그물뜨기 참고).

5. 실을 넉넉한 길이로 잘라 돗바늘에 꿰어 핀에 걸린
매듭 안으로 통과시키면서 바구니를 뜨개룸에서 빼낸
뒤 끝을 오므리지 않고 실을 잘 묶어 마무리합니다.

6. 처음 시작했던 부분(밑부분)은 돗바늘에 실을 꿰
어 안쪽과 바깥쪽에 생긴 매듭 중에 바깥 부분 매
듭들 안으로 한 번씩 통과시켜 줍니다.

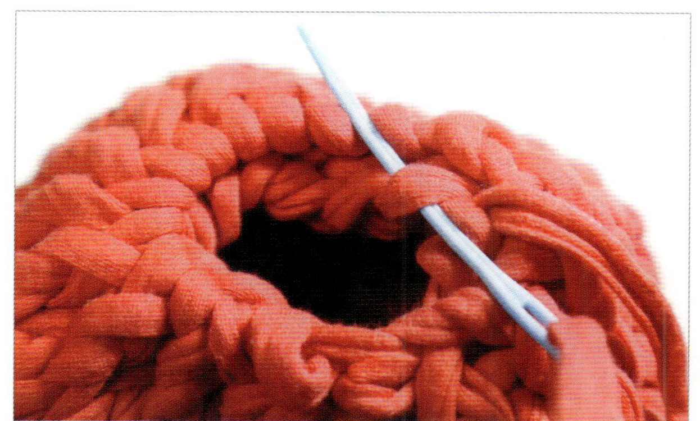 

7. 바로 이어서 안쪽에 있는 매듭으로도 통과시킵니다.

8. 실을 쭉 잡아당깁니다.

9. 실은 묶고 나서 잘라낸 후, 나머지를 안쪽으로 끼워 넣어 안 보이게 마무리합니다.

10. 사진과 같은 모습이 됩니다.

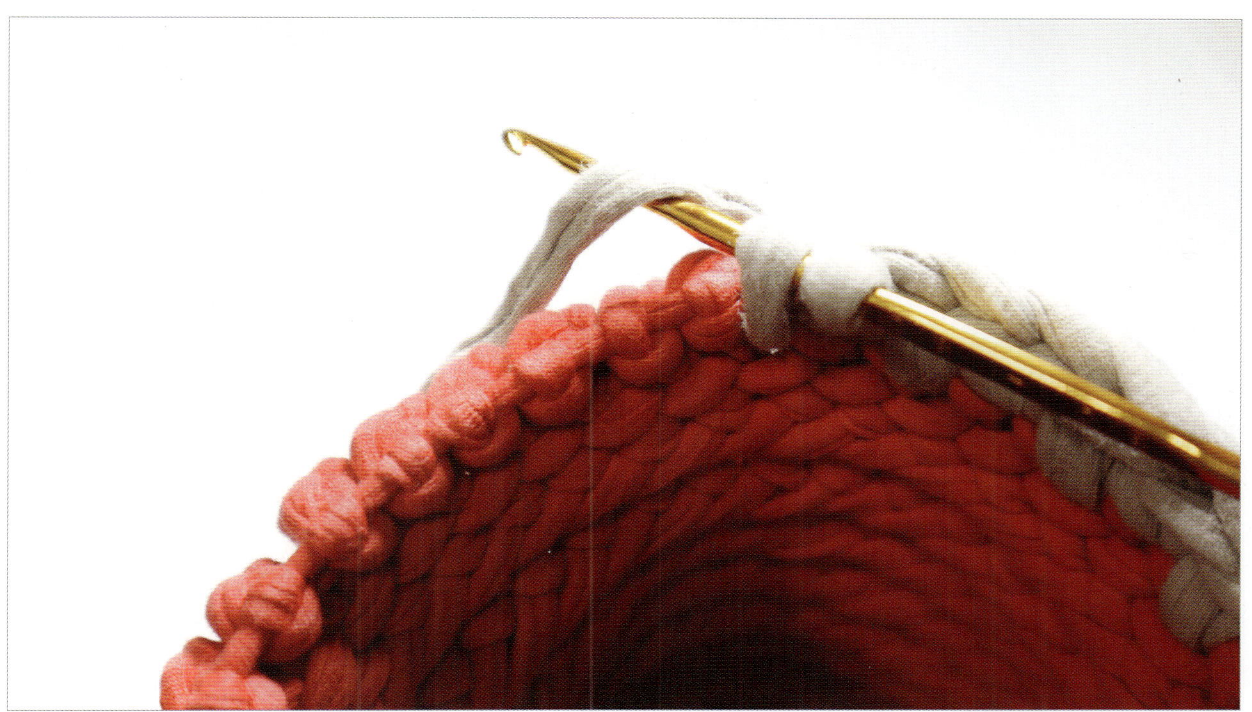

11. 마무리한 부분에는 코바늘을 이용해 다른 색깔의 실로 짧은뜨기를 합니다.

리본끈 바구니

그물무늬뜨기와 직조뜨기를 이용한 바구니를 만들어 봅니다.

materials: 파바르, 29cm 라운드뜨개룸, 후크, 플라스틱 돗바늘, 코바늘, 가위
참고: 겉뜨기(95쪽), 사슬뜨기(113쪽), 그물무늬뜨기(97쪽)

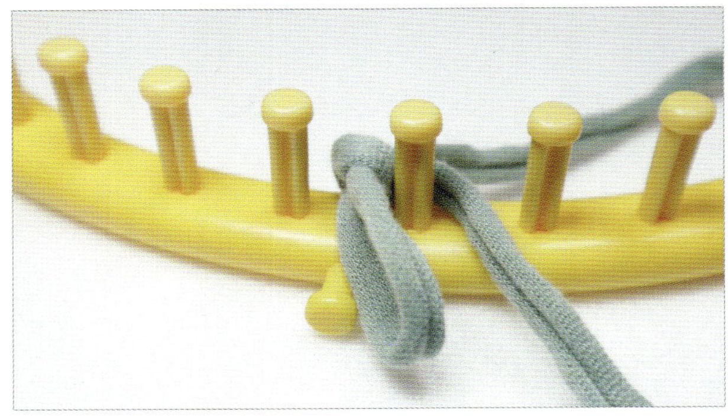

1. 사슬뜨기를 합니다.

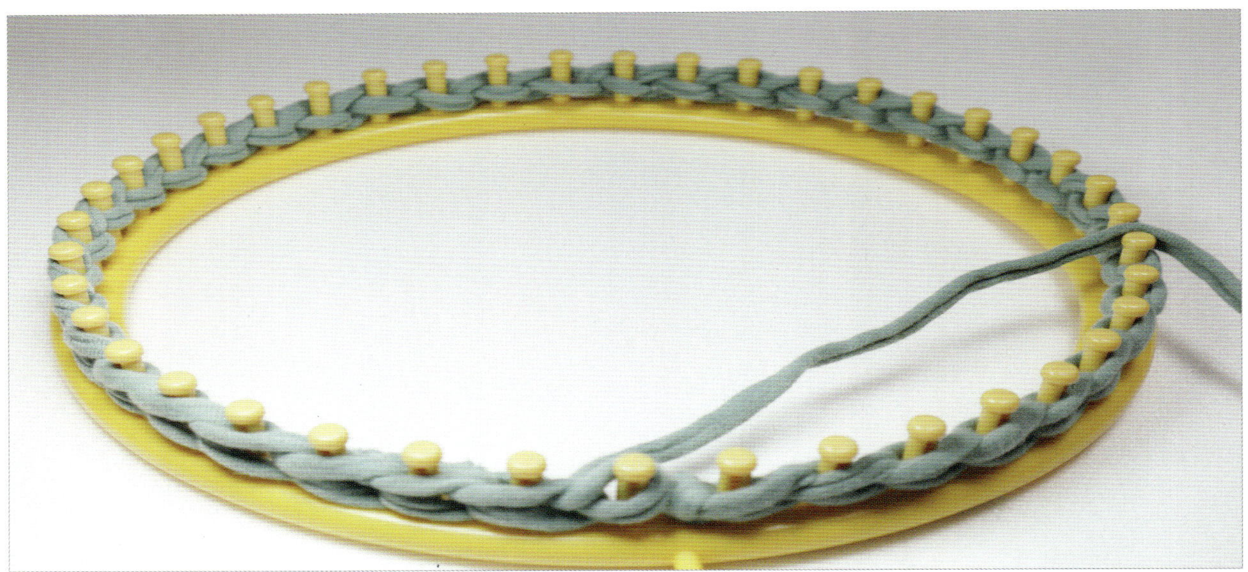

2. 모든 핀을 사슬뜨기로 떠 줍니다.

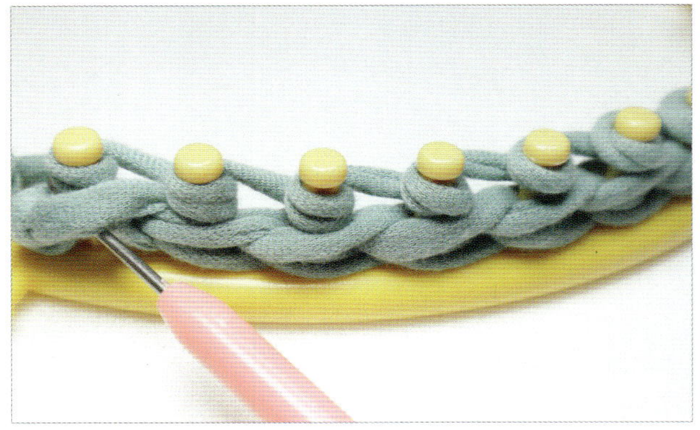

3. 기본감기(핀에 시계 방향으로 감기)를 하고 아래쪽 사
　　슬뜨기했던 실을 후크로 넘깁니다.

4. 세 번째부터는 그물뜨기를 합니다.

5. 원하는 깊이만큼 뜹니다.

6. 〈직조로 밑면 만들기〉 실이 묶인 정반대쪽 핀(22번째 핀)에 실을 겁니다. 시작핀에서 2번째, 21번째 핀에 차례로 실을 걸어 줍니다.

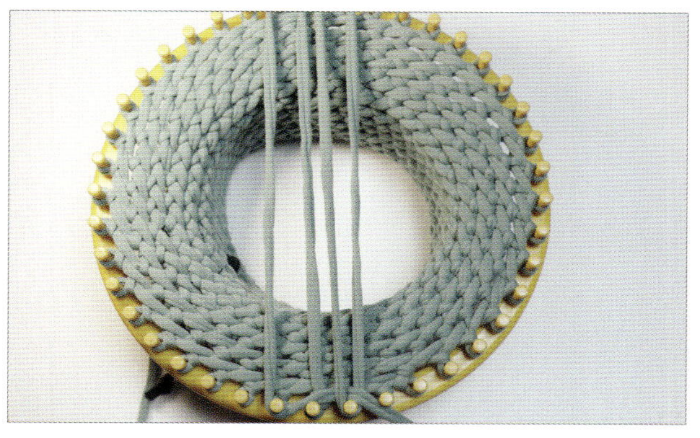

7. 21번째에 걸린 실 사이로 통과시켜 23번째 핀에 실을 걸어 줍니다. 아래로 내려와 시작핀의 왼쪽 1번째 핀에 걸치면 실이 지그재그로 걸려 있게 됩니다.

8. 7번처럼 시작핀을 기준으로 오른쪽 아래 핀 – 위쪽 핀 – 왼쪽 위 핀 – 왼쪽 아래 핀을 번갈아 가면서 걸면 사진과 같은 형태가 됩니다.

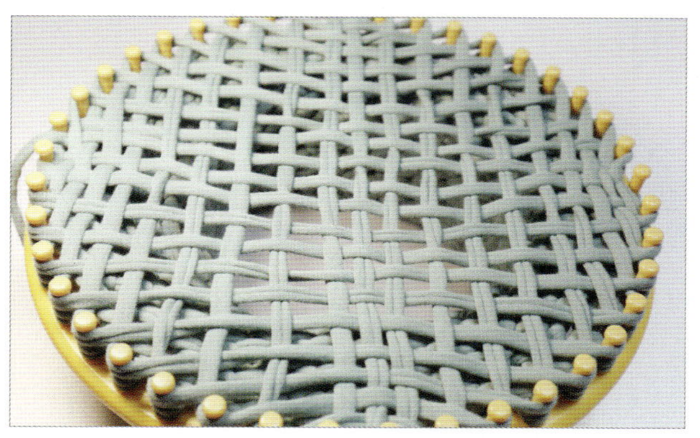

9. 양쪽에 핀이 3개 정도 남으면 실을 1미터쯤 남기고 자릅니다. 돗바늘에 실을 꿰어 나머지 부분도 직조로 떠 줍니다.

10. 사진과 같이 바닥은 직조로 완성합니다.

11. 끊었던 실을 다시 묶어 기본감기로 한 단 감아 주고 후크로 넘깁니다.

12. 실을 돗바늘에 꿰어 핀에 감긴 매듭 안으로 통과시키면서 마무리합니다.

손잡이 바구니

라운드 뜨개룸을 이용하여 독특한 무늬 내는 방법과 손잡이 만드는 방법을
배워 봅니다.

materials: 뉴스타킹, 24cm 라운드뜨개룸, 후크, 돗바늘, 코바늘, 가위
참고: 코막음(98쪽), 짧은뜨기(114쪽)

1. 실을 풀리지 않게 시작핀에 감고 나서 핀 하나씩 건
너뛰어 걸칩니다.

2. 두 번째 단은 실이 걸쳐지지 않은 핀에 걸어 첫 번째
감은 실과 지그재그로 걸쳐지게 합니다.

3. 세 번째 단은 한 핀씩 걸러가면서 기본감기를 해 줍
니다.

4. 네 번째 단은 세 번째 단에서 안 감은 핀들을 기본감
기로 감습니다.

5. 그러면 모든 핀에 두 올씩 감기게 됩니다. 이제 아랫
실을 후크로 넘깁니다.

6. 안쪽에서 보면 이런 모습입니다. 과정 1~5까지 반복
하며 원하는 바구니 깊이만큼 뜹니다.

7. 〈양쪽 손잡이 만들기〉 핀 4개는 코막음을 하고 14개
는 기본감기를 합니다.

8. 7번 과정을 반복하면 사진처럼 양쪽에 손잡이 부분
이 만들어집니다.

9. 이젠 모든 핀을 기본감기로 감으며 3단을 뜹니다(손
잡이 구멍의 윗부분).

10. 코막음하여 뜨개룸에서 분리합니다.

11. 처음 시작했던 밑부분의 실을 잡아당겨 오므립니다.

12. 돗바늘을 이용해 실이 풀리지 않도록 매듭을 짓습니다.

13. 바구니를 뒤집어 줍니다.

14. 윗부분에는 코바늘로 짧은뜨기를 합니다.

가을나들이 목도리

롱 뜨개룸을 이용하면 독특한 무늬의 목도리를 쉽게 뜰 수 있습니다.

materials: 오슬로울, 54cm 롱뜨개룸, 후크, 코바늘, 가위
참고: 사슬뜨기(113쪽), 가터뜨기(97쪽), 코막음(98쪽)

1. 사슬뜨기를 합니다.

2. 앞쪽 핀에서 가장 오른쪽 핀 1개를 제외하고 모두 사슬뜨기를 합니다(29개 핀).

3. 다시 되돌아갑니다(시계 반대 방향으로 감기).

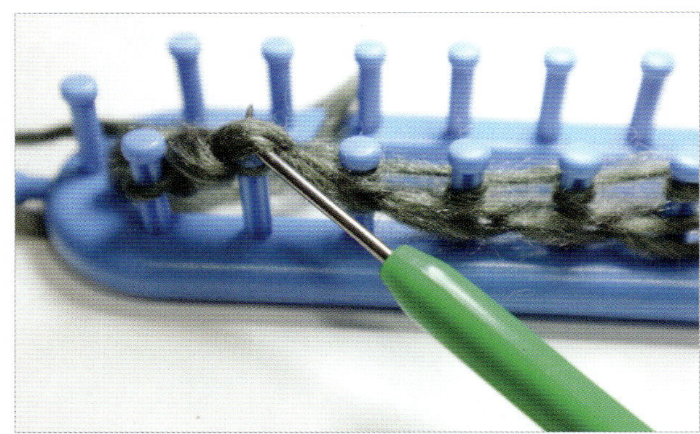

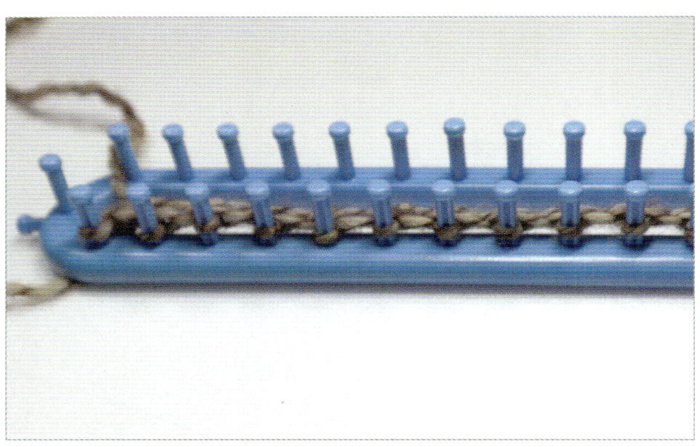

4. 아랫실(사슬뜨기한 실)을 후크로 넘깁니다.

5. 사슬뜨기 후 기본뜨기를 한 모습입니다.

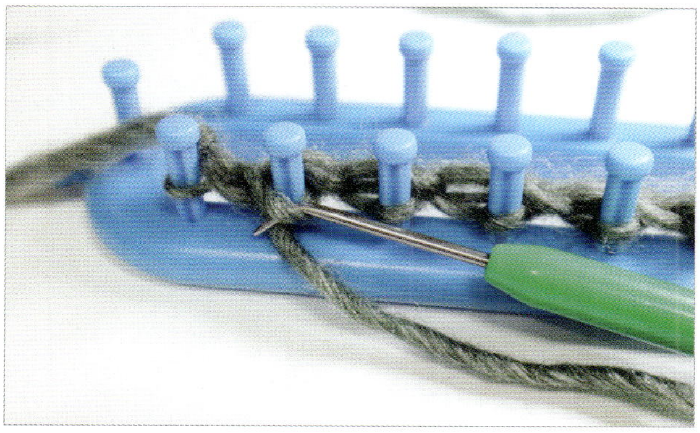

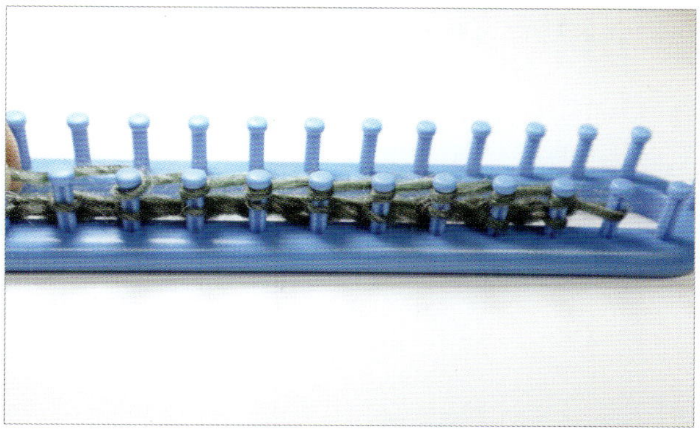

6. 가터뜨기로 3~4단을 뜹니다.

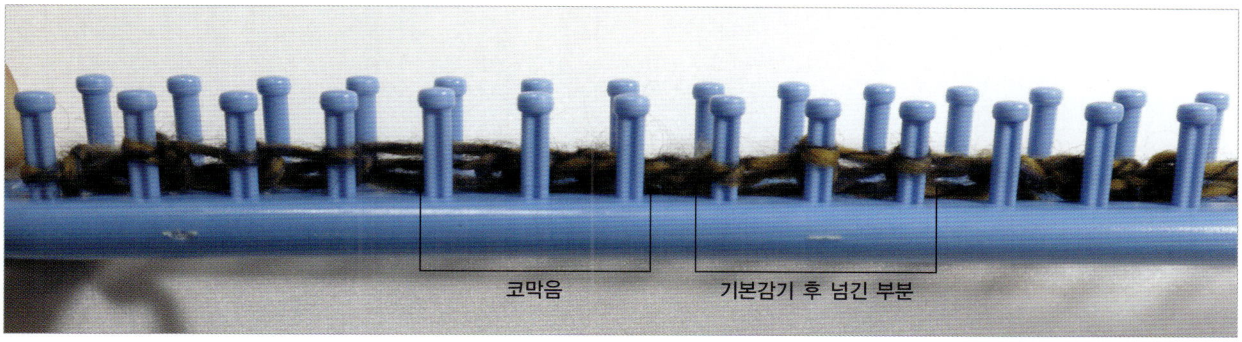

7. 처음 핀 4개에는 기본감기(시계 방향 감기)를 하고 이후부터 3개 핀은 코막음(코막음 페이지 참조), 3개 핀은 기본뜨기를 계속 반복한 후 마지막 핀 4개에는 기본뜨기를 합니다(양쪽 끝핀은 4개, 중간엔 모두 3개씩 뜨게 되는 셈이죠).

8. 사진과 같은 형태가 되면 두 올 감긴 핀은 아랫실을 넘기고 그냥 건너뛴 핀은 코막음을 합니다.

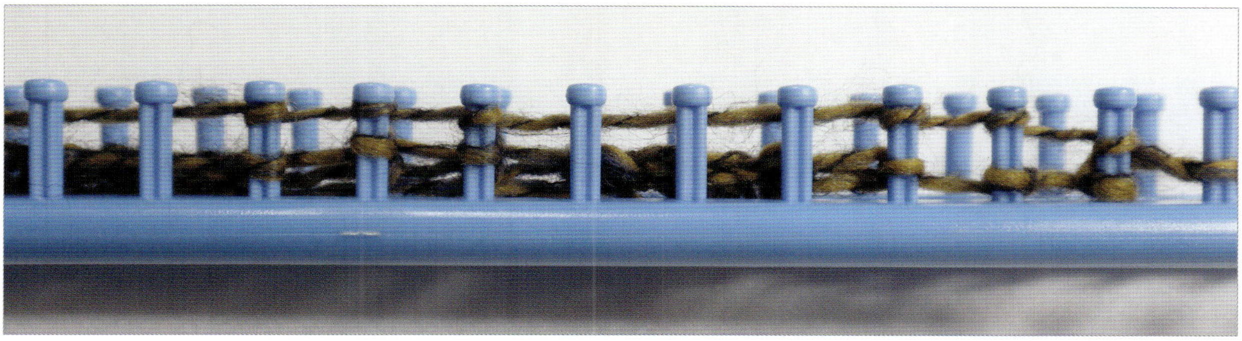

9. 처음 오른쪽 4개 핀에는 기본뜨기(시계 반대 방향)를 하고 다음 코막음 된 3개의 핀은 건너뛰고 다시 3핀에 기본뜨기하고 3핀을 건너뛰며 반복합니다. 왼쪽 마지막 핀 4개가 기본뜨기로 끝납니다.

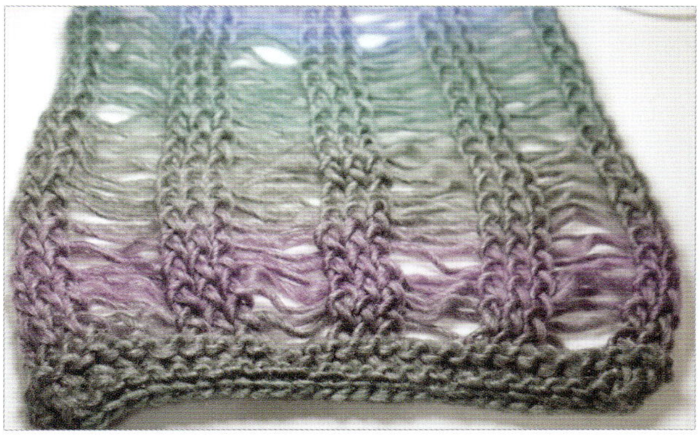

10. 사진과 같은 모양으로 1.8m 정도를 뜹니다.

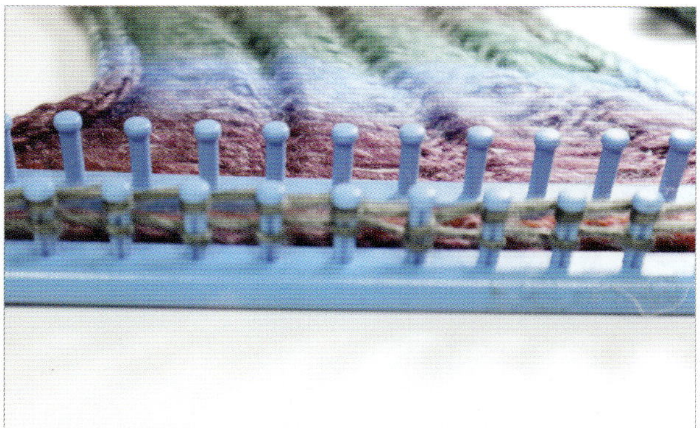

11. 마지막에 가터뜨기 4단을 하고 코막음으로 마무리 해 줍니다.

눈맞이 목도리

롱 뜨개룸의 기본 사용법을 이용해 가장 기본이 되는 Stockinette Figure 8 무늬를 떠 보도록 합니다.

materials: 뉴 사피모헤어, 34cm 롱뜨개룸, 후크, 플라스틱 돗바늘, 가위
참고: 롱뜨개룸 기본 사용법(108쪽), 코막음(98쪽)

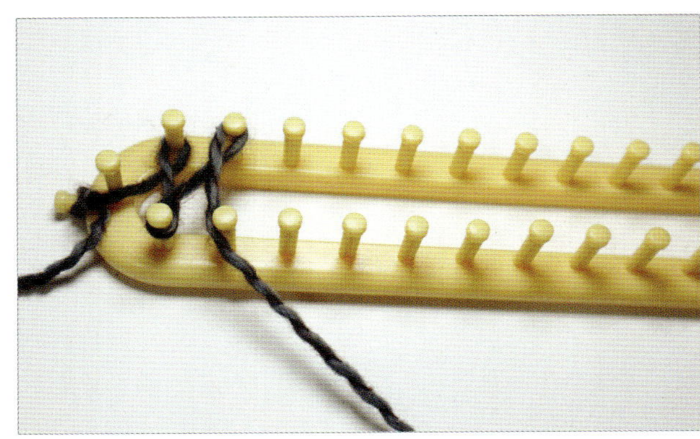

1. 사진과 같이 위쪽 핀은 시계 반대 방향으로 감고 아래쪽 핀은 시계 방향으로 감습니다.

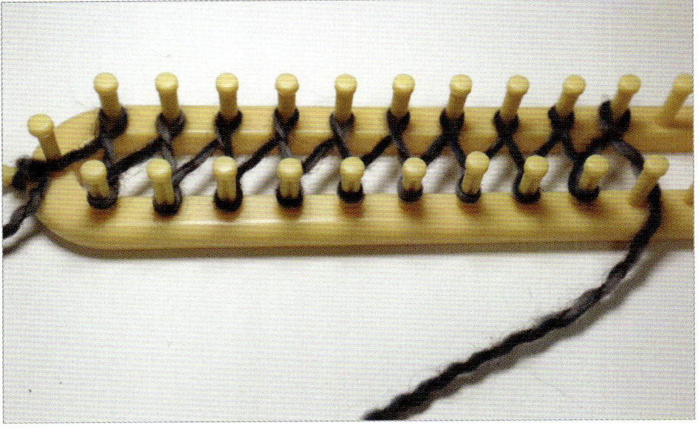

2. 뜨고 싶은 목도리 넓이만큼 실을 핀에 감습니다(Tip- 완성되면 실이 수축하기 때문에 뜨개질한 핀의 숫자보다 목도리가 작게 나옵니다).

3. 왼쪽으로 돌아올 때는 위쪽 핀은 시계 방향으로 감고 아래 핀은 시계 반대 방향으로 감아 줍니다. 핀에 두 올이 만들어지면 아랫실을 후크로 넘깁니다.

4. 사진처럼 뜨개룸의 가운데 부분으로 목도리가 뜨개질되어 나옵니다. 원하는 길이만큼 뜨개질을 합니다.

5. 〈마무리〉 위쪽 핀에 걸려 있는 매듭을 바로 밑에 있는 핀으로 모두 옮겨 줍니다.

6. 아래쪽 핀에 생긴 두 개의 매듭 중에서 아래 매듭을 후크로 넘깁니다. 모든 핀에 매듭이 하나만 남게 되면 코막음을 해 줍니다.

단추 여밈 넥워머

라운드 뜨개룸을 이용한 기본적인 뜨개질로 간단한 넥워머를 만들어 보세요.

materials: 내추럴울, 29cm 라운드뜨개룸, 후크, 가위
참고: 안뜨기(96쪽), 코막음(98쪽)

1. 시작핀에 실을 감은 후 기본감기(시계 방향)로 감습니다.

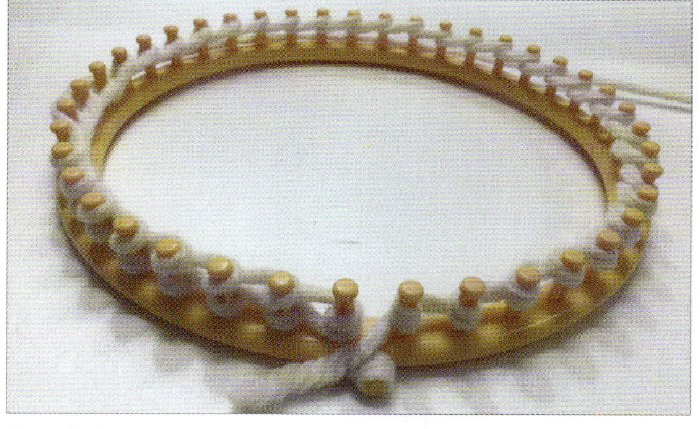

2. 시작핀 왼쪽까지 감고 되돌아오면서 시계 반대 방향으로 핀에 감아줍니다(시작핀 부분을 띄울 거예요).

3. 시작핀의 오른쪽 핀까지만 감아 줍니다.

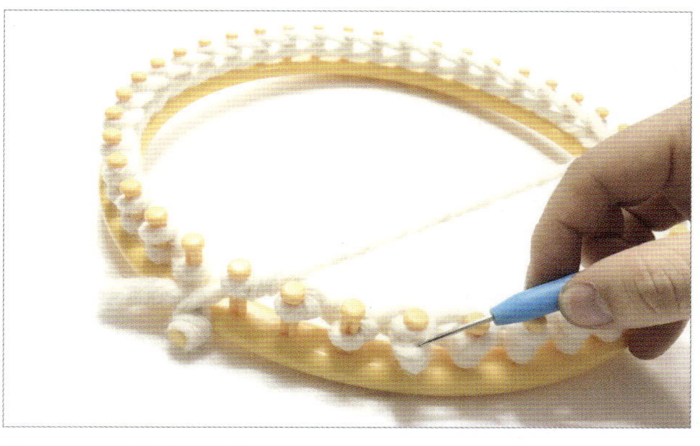

4. 후크로 넘깁니다.

5. 실을 다 넘기고 다음 단은 매듭 사이로 실을 빼서 끼우는 안뜨기를 해 줍니다(안뜨기 참고).

6. 안뜨기 한 단을 하고 되돌아오면서 기본뜨기를 합니다. 이렇게 안뜨기 한 단, 기본뜨기 한 단을 반복하는 가터뜨기로 4단을 뜹니다(가터뜨기 4단 = 기본뜨기 4단 + 안뜨기 4단).

7. 기본뜨기로 모자를 뜨듯이 시작핀 사이를 남기지 않고 떠 줍니다.

8. 기본뜨기로 15단 정도(원하는 워머 깊이로)를 뜹니다.

9. 끝부분을 코막음합니다(코막음 참고).

10. 단추와 장식을 달아서 마무리합니다.

11. 단추 여밈 넥워머 완성.

럭비 단추 너음 목도리

롱뜨개룸 기본 사용법으로 두꺼운 내추럴울을 이용하면 간단한 너음 목도리를 만들수 있어요.

materials: 내추럴울, 24cm 롱뜨개룸, 후크, 플라스틱 돗바늘, 코바늘, 가위
참고: 롱뜨개룸 기본 사용법(108쪽)

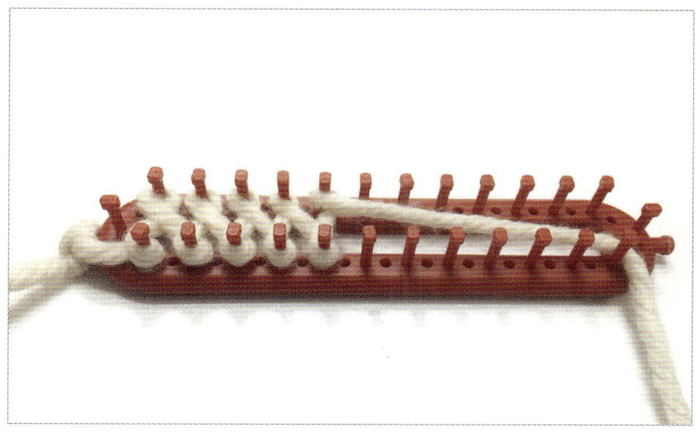

1. 롱 뜨개룸의 핀 5개를 이용해서 기본 사용법에 나온 tockinette Figure 8 무늬로 감아 줍니다. 돌아가면서 같은 모양으로 감습니다.

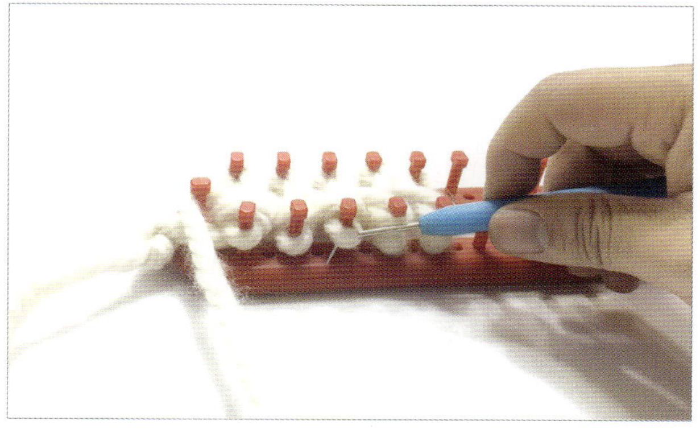

2. 후크로 아랫실을 넘깁니다.

3. 한 번씩만 감고 넘기기를 반복합니다.

4. 원하는 길이로 목도리를 떠 줍니다.

5. 사진에서 왼쪽 아래 핀(실이 묶여 있는 대각선 끝 핀) 실과 그 위쪽 핀의 실을 몸께 코바늘에 걸어 떠 줍니다(롱뜨개룸 기본 사용법 참고).

6. 가장 마지막 핀까지 5번 과정처럼 해 주면 뜨개룸과 분리가 됩니다.

7. 마지막으로 실을 잘라 주고 자른 실을 코바늘에 걸어 마지막 매듭 사이로 빼면 목도리가 완성됩니다.

8. 실은 적당히 남기고 자른 뒤 돗바늘에 꿰어 목도리 사이사이에 끼워 감춥니다.

9. 럭비 단추를 목도리와 같은 실로 끼워 묶습니다. 내추럴울은 실이 두껍고 사이 구멍이 커서 따로 단춧구멍을 내지 않고 원하는 곳에 끼워도 됩니다.

10. 럭비 단추 너음 목도리 완성.

가마니 스타일 조끼

기본 겉뜨기와 고무단뜨기, 코막음만 하면 만들 수 있는 조끼예요. 도전해 보세요.

materials: 메가, 44cm 롱뜨개룸, 후크, 플라스틱 돗바늘, 가위
참고: 겉뜨기(95쪽), 고무단뜨기(97쪽)

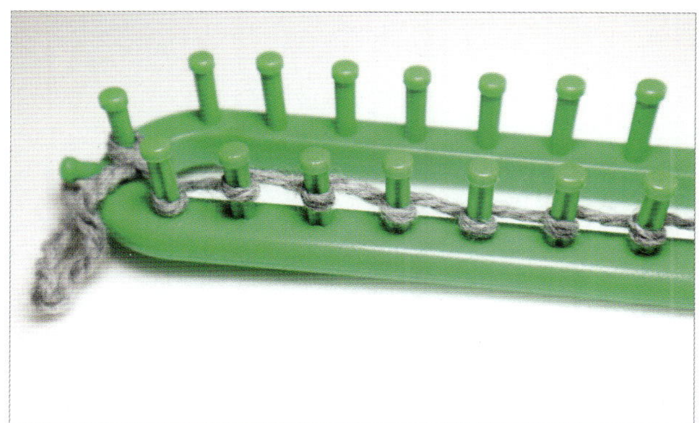

1. 기본감기로 감습니다.

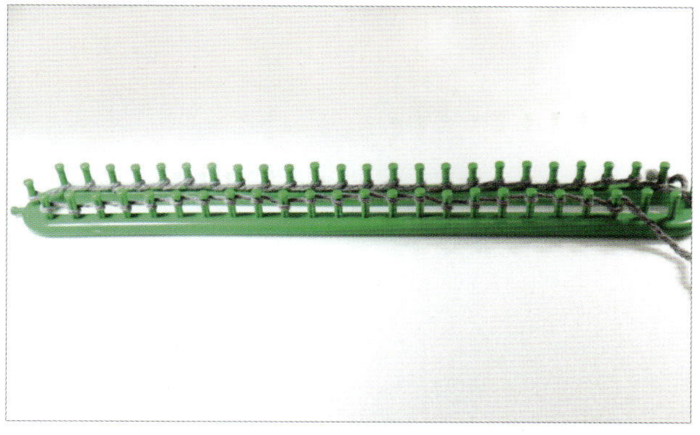

2. 마지막 핀 2개만 남기고 빙 돌아가며 모든 핀에 감아 줍니다.

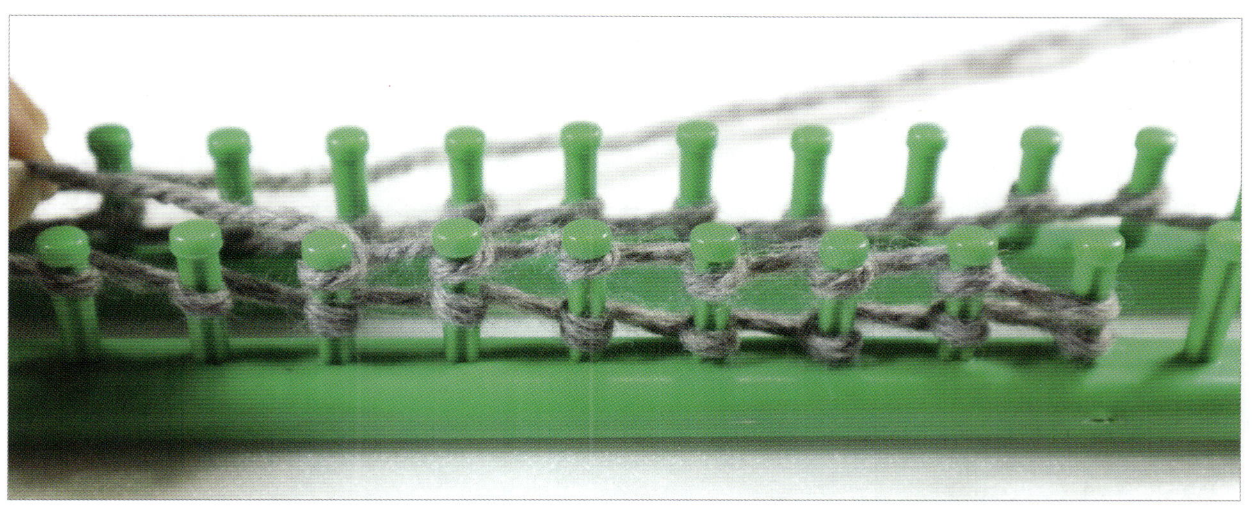

3. 시계 반대 방향으로 감으며 다시 되돌아가면서 감아 줍니다.

4. 두 올이 된 모든 핀의 아랫실을 후크로 넘깁니다.

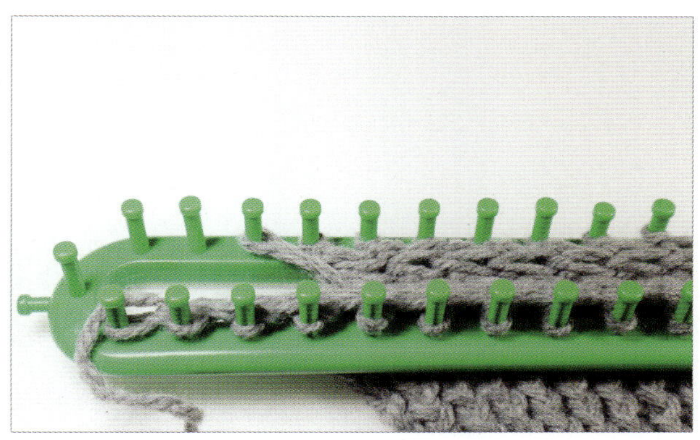

5. 1~4까지 반복해서 뜹니다.

6. 몸통 길이에 맞게 뜨개질을 합니다.

7. 마지막 4단은 고무단뜨기로 조끼의 아랫단을 만든 후 코막음합니다(고무단뜨기, 코막음 참조).

8. 똑같은 사이즈로 두 장 뜨고 겉면을 마주 보게 합니다.

9. 실을 돗바늘에 꿰어 옆면과 어깨 부분을 꿰매고 나서 뒤집어 줍니다.

부들부들 숄

라운드 뜨개룸의 기본뜨기만으로 옷처럼 입을 수 있는 숄을 만들어 봅니다.

materials: 샤비, 24cm 라운드뜨개룸, 후크, 돗바늘, 코바늘, 가위
참고: 겉뜨기(95쪽), 짧은뜨기(114쪽)

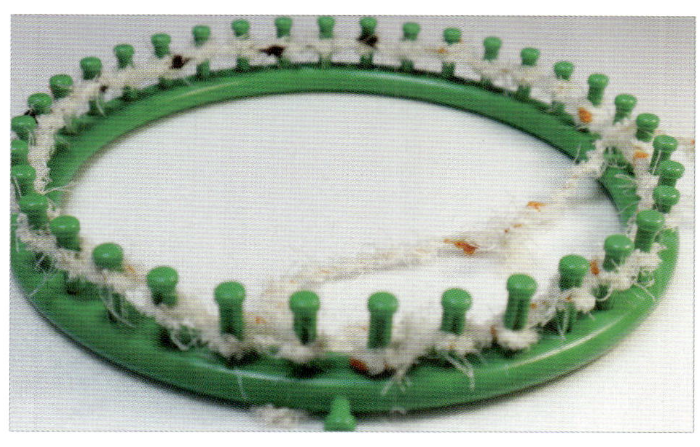

1. 24cm 라운드뜨개룸에 기본감기로 첫 핀부터 마지막 핀까지 감습니다.

2. 다시 시계 반대 방향으로 핀을 감으며 돌아갑니다.

3. 아랫실을 넘깁니다.

4. 반복해서 50센티 정도 평편하게 뜹니다(사이즈는 입을 사람에 맞게). 똑같은 크기로 한 장 더 뜹니다.

5. 팔 부분만 제외하고 양옆을 같은 실로 꿰맵니다.

6. 윗부분은 뚫리는 부분 없이 모두 꿰매 줍니다.

7. 밑부분 테두리에는 다른 색깔의 실로 짧은뜨기를 해 줍니다.

8. 팔 부분도 짧은뜨기로 빙 둘러가며 뜹니다.

9. 사진과 같이 목 없는 티셔츠 모양이 됩니다.

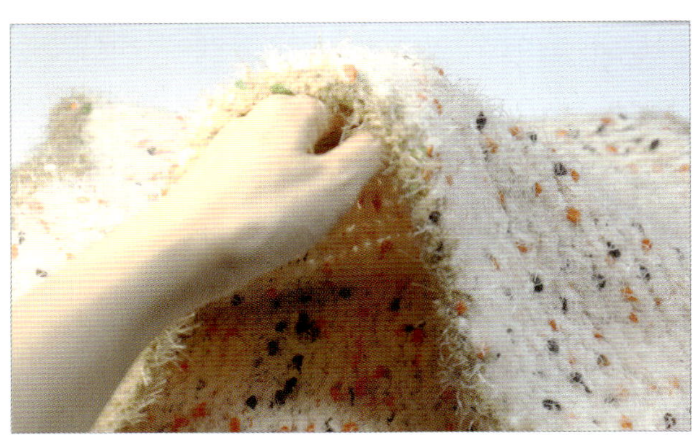 

10. 사진과 같은 형태로 아랫부분을 벌려서 양쪽 팔을 끼워 입습니다.

11. 끈이랑 품품을 달아 주면 더 예쁜 솔이 됩니다.

12. 부들부들 솔 완성.

도구 설명
라운드 뜨개룸

라운드 뜨개룸

라운드 뜨개룸으로는 기본적으로 원통 형태가 가능하며 털모자를 정말 손쉽게 뜰 수 있습니다.

사이즈는 지름 14cm, 19cm, 24cm, 29cm로 모두 네 종류가 있습니다. 모자를 뜰 경우 신생아는 19cm, 3~7세 유아와 성인 여성은 24cm, 성인 남성은 29cm(개인차는 있지만 일반적인 사이즈입니다)를 이용할 수 있습니다.

라운드 뜨개룸을 이용하면 모자뿐 아니라 팔 토시, 넥워머, 바구니, 가방 등 다양하게 활용이 가능하며 여러 가지 무늬도 만들 수 있습니다.

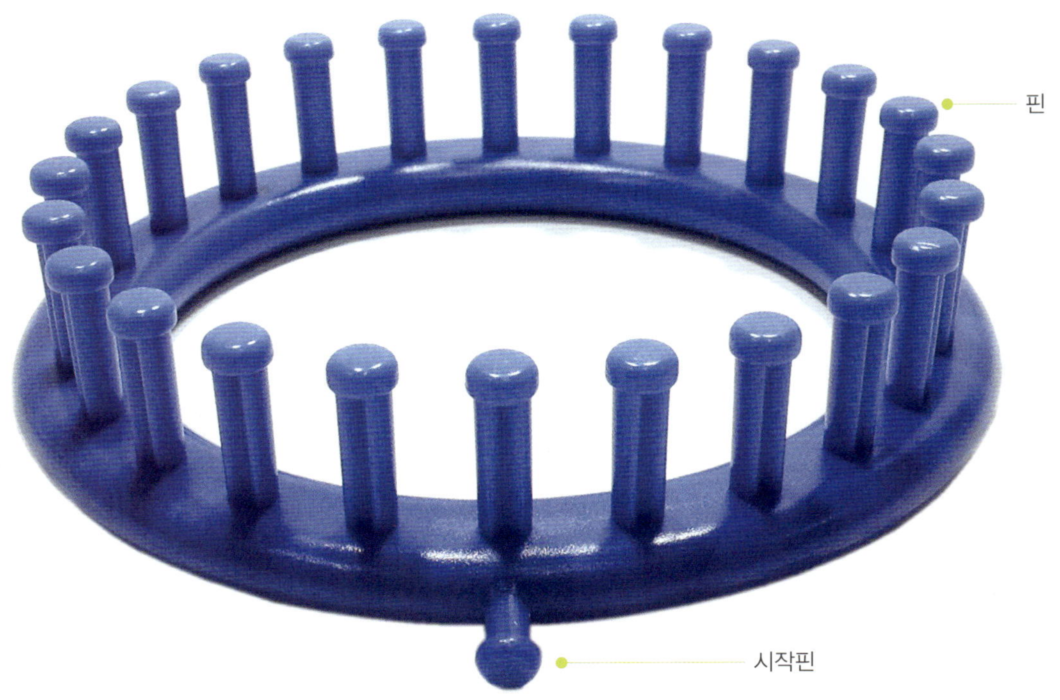

겉뜨기(원통형)

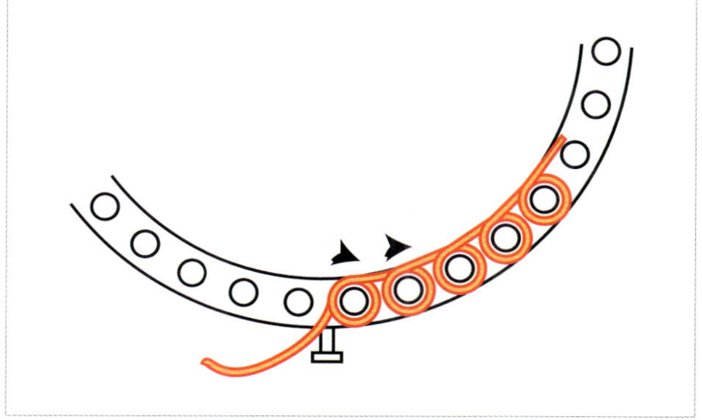 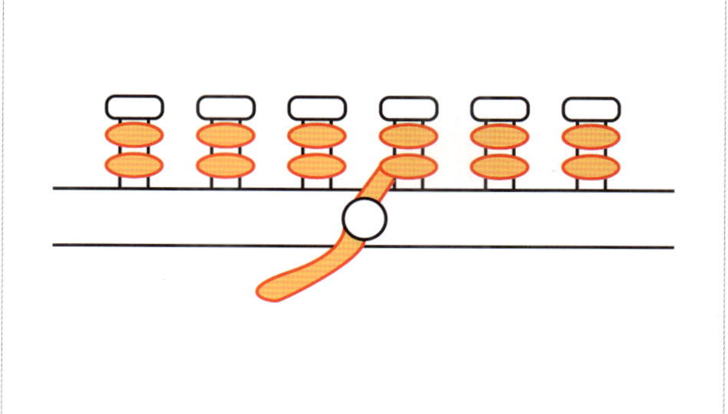

1. 원통형으로 겉뜨기를 하기 위해서는 실을 시계 방향으로 모든 핀에 한 번씩 감아 줍니다.

2. 모든 핀에 한 번씩 감은 뒤 한 바퀴 더 감아 줍니다. 위 그림처럼 핀에 실이 두 번 감기면 후크를 이용해서 아랫실을 핀 뒤로 넘깁니다. 다 넘긴 후에는 한 번씩만 감아 주고 후크로 넘기면 가장 기본적인 겉뜨기가 됩니다.

겉뜨기(판형)

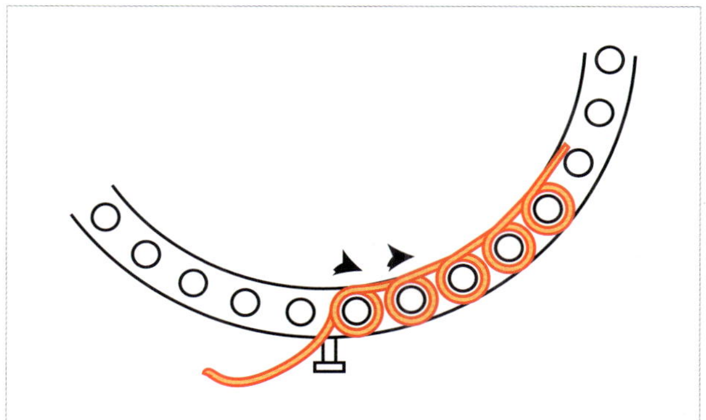 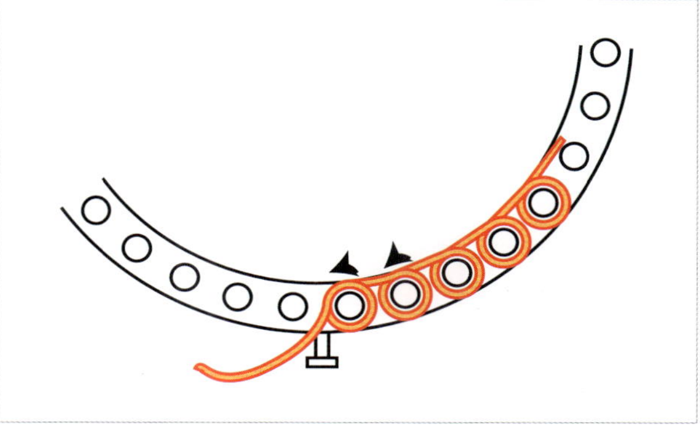

1. 판형으로 겉뜨기를 하기 위해서는 실을 원하는 핀까지 시계 방향으로 한 번씩 감아 줍니다.

2. 원하는 핀까지 실을 감은 후 돌아오면서 시계 반대 방향으로 다시 감아 줍니다. 그리고 나서 후크로 실을 핀 뒤로 넘깁니다.

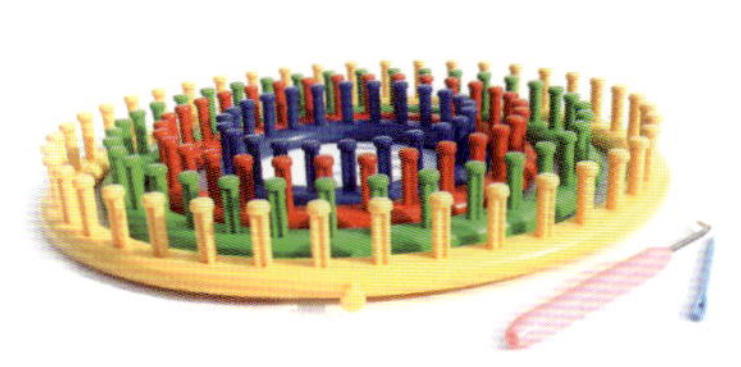  

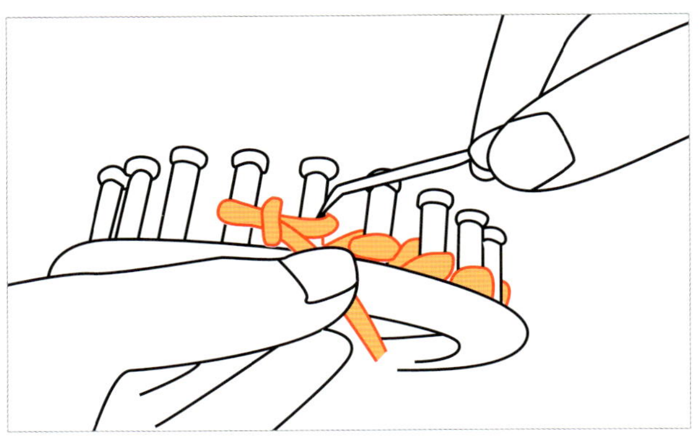

1. 먼저 겉뜨기가 한 번 되어 있는 핀에 매듭 밑으로 실을 가져다 놓습니다.

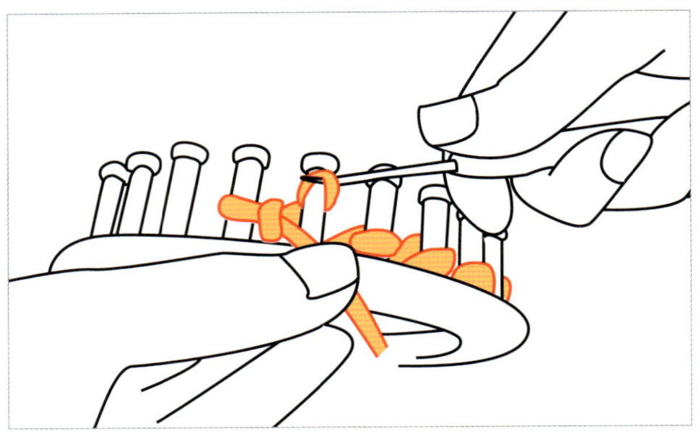

2. 매듭 밑으로 후크를 질러 넣어 핀 아래쪽에 놓았던 실을 끌어올려 매듭 사이로 통과시킵니다.

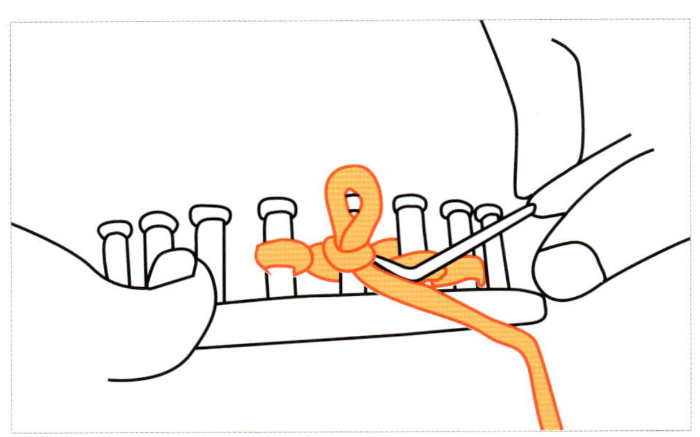

3. 실을 매듭 사이로 끌어올리면 그림과 같이 새로운 고리가 생기게 됩니다.

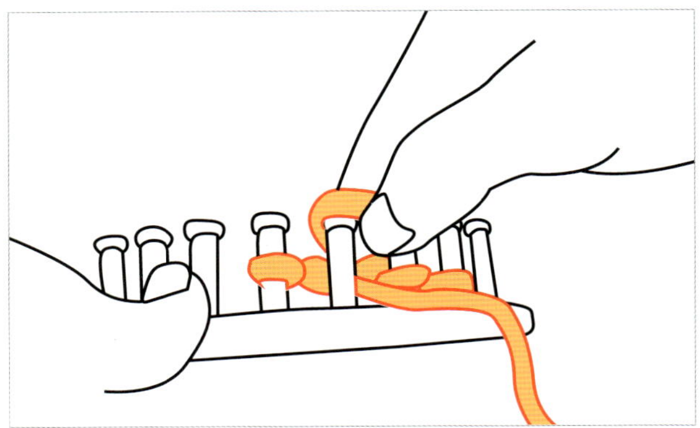

4. 고리와 핀에 걸려 있던 매듭까지 한꺼번에 잡고 핀에서 빼낸 뒤 새로 만들어진 고리 부분을 핀에 끼웁니다.

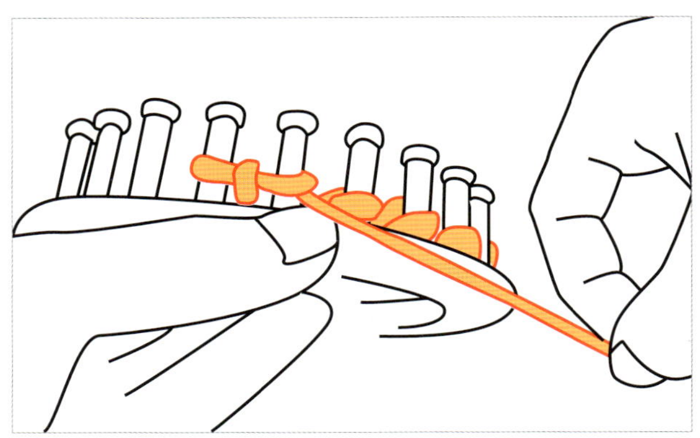

5. 헐렁한 고리에 연결된 실을 잡아당기면 안뜨기가 됩니다.

가터뜨기

가터뜨기는 겉뜨기 한 단(한 줄)과 안뜨기 한 단을 반복해서 뜨면 왼쪽 사진과 같은 무늬를 낼 수 있습니다.

고무단뜨기

고무단뜨기는 겉뜨기 한 코(핀 1개)와 안뜨기 한 코를 반복해서 뜨면 왼쪽 사진과 같은 무늬를 낼 수 있습니다.

그물뜨기

그물뜨기는 먼저 겉뜨기 한 단(한 줄)을 뜨고 나서 아래 그림과 같이 실이 연결된 핀에서 바로 옆 핀이 아닌 두 번째 핀을 시계 방향으로 감고 이어 첫 번째 핀을 시계 반대 방향으로 감아 준 뒤, 핀 2개에 감긴 두 실을 모두 후크로 넘겨주면 무늬가 나옵니다(한 개의 핀은 계속 반복됩니다).

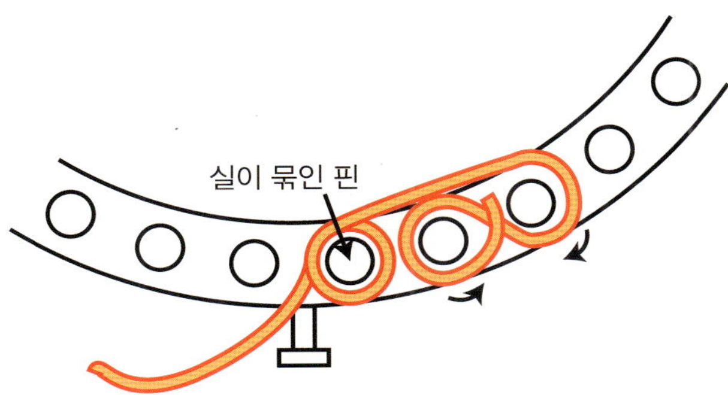

코막음

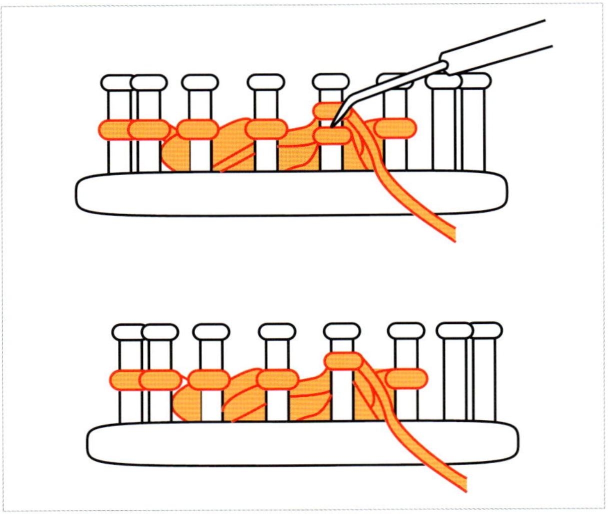

1. 실이 묶여 있는 핀의 바로 옆 핀에 한 번 더 감아 주고 아랫실을 후크로 넘깁니다.

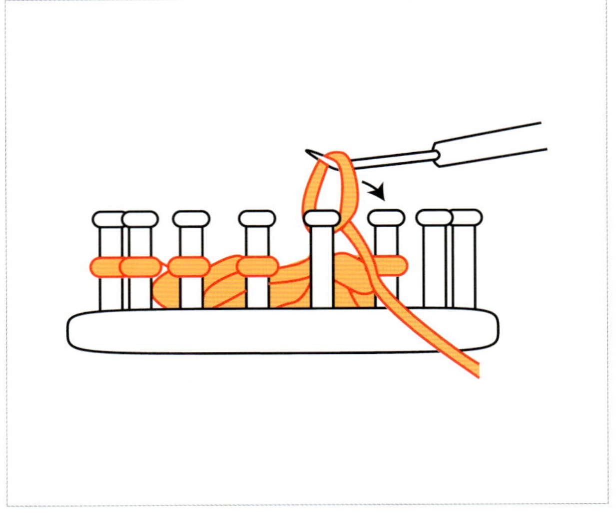

2. 넘긴 핀에 걸린 매듭은 후크를 이용해 핀에서 빼내 옆 핀에 걸어 줍니다.

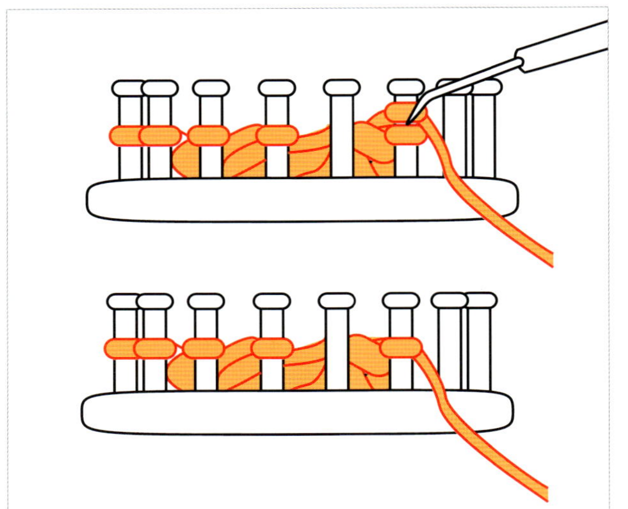

3. 매듭 두 개가 걸린 핀의 실을 후크로 넘깁니다.

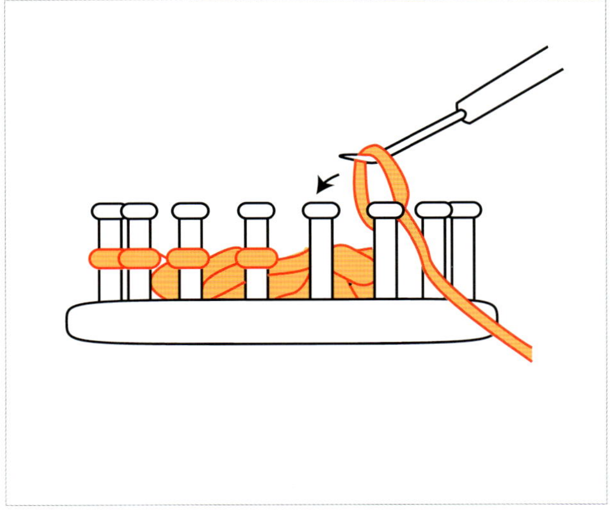

4. 하나 남은 매듭을 비어 있는 왼쪽 핀으로 다시 옮겨 줍니다.

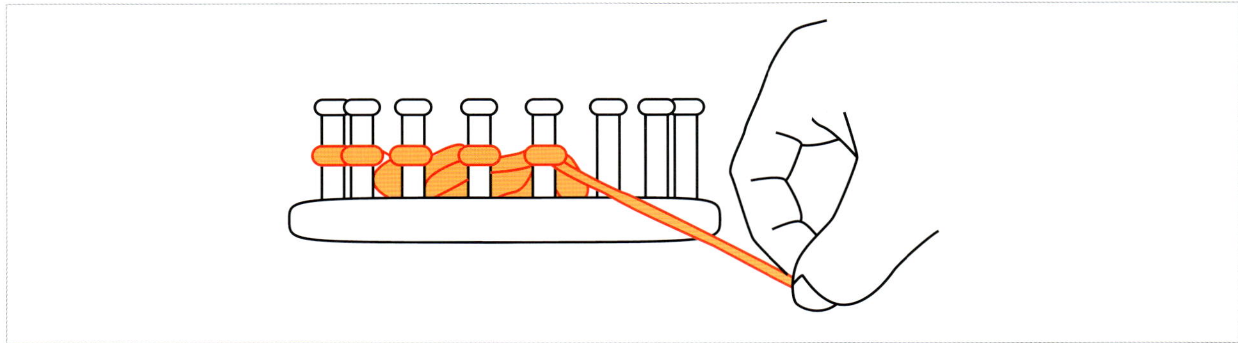

5. 헐렁해진 매듭은 실을 당겨서 핀에 조여 줍니다.

코늘이기

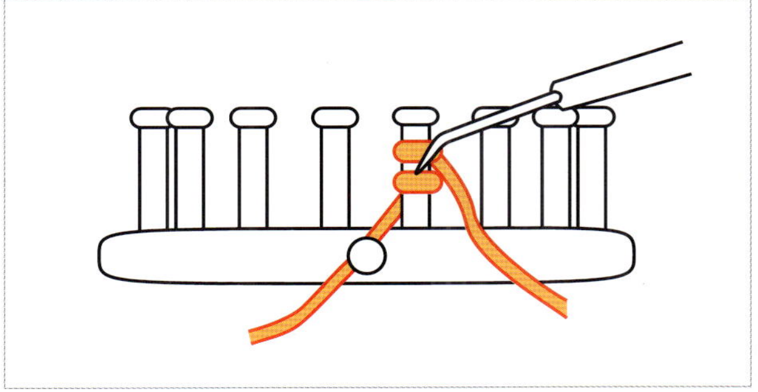

1. 한 개의 핀에 실을 두 번 감고 후크로 아랫실을 넘겨서 매듭을 만들어 줍니다.

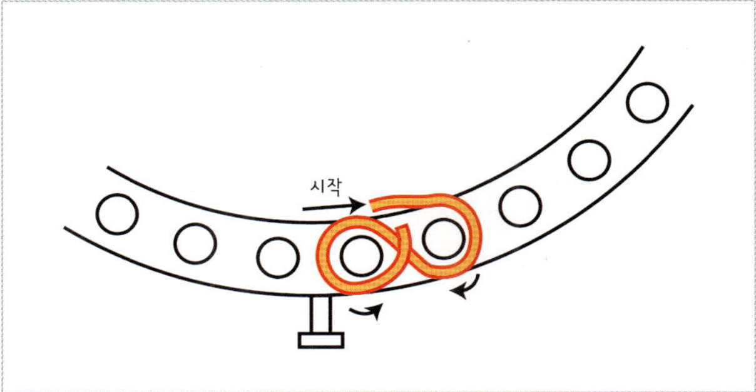

2. 두 번째 핀에 시계 방향으로 감고 바로 이어서 첫 번째 핀에 시계 반대 방향으로 감습니다.

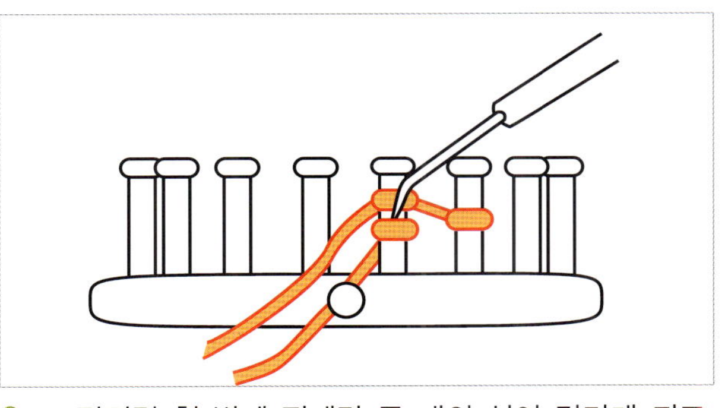

3. 그림처럼 첫 번째 핀에만 두 개의 실이 걸리게 되죠. 아랫실을 후크로 넘깁니다.

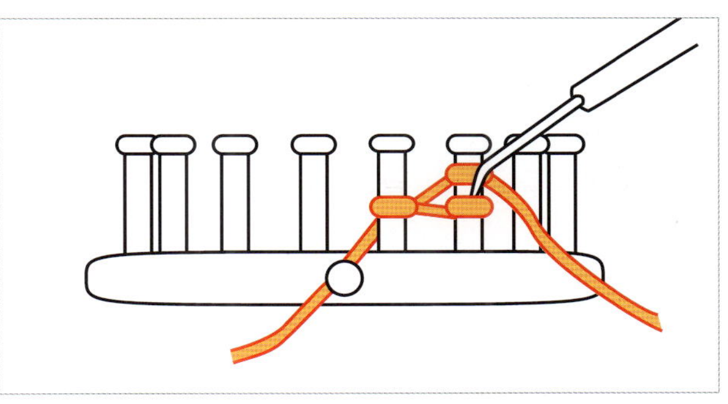

4. 옆(두 번째) 핀에도 실을 시계 방향으로 감은 뒤 후크로 넘깁니다.

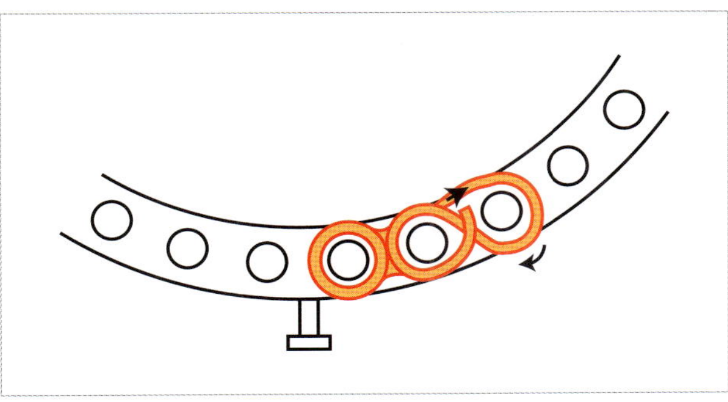

5. 세 번째 핀으로 코를 늘릴 때도 마찬가지로 세 번째 핀을 시계 방향으로 감으면서 바로 이어 두 번째와 첫 번째 핀을 감아 줍니다.

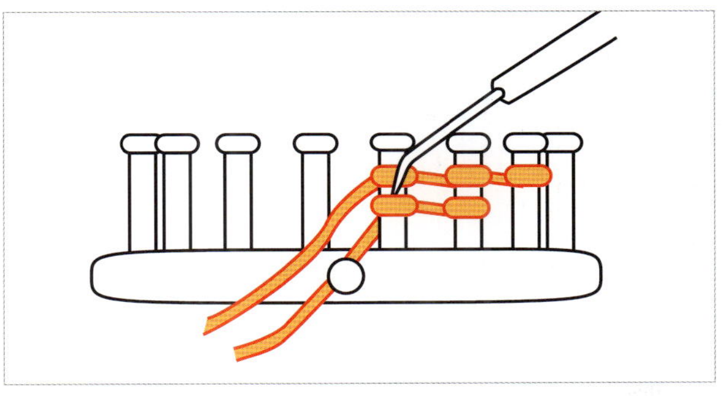

6. 첫 번째와 두 번째 핀에 걸린 아래 매듭을 후크로 넘깁니다.

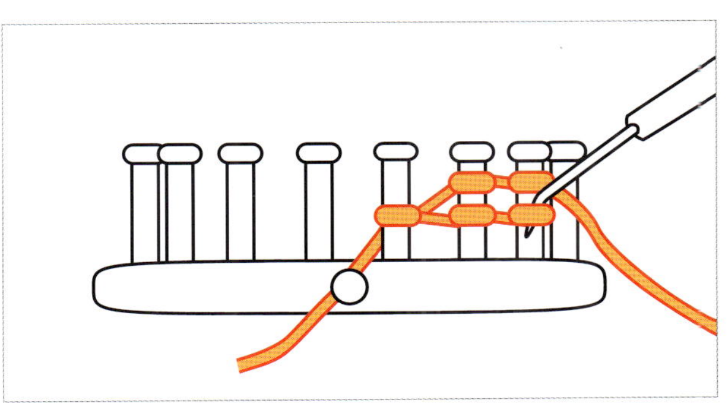

7. 돌아오면서 두 번째와 세 번째 핀에 시계 방향으로 감은 뒤 후크로 넘겨주면 세 번째 핀까지 코늘이기가 완성됩니다. 같은 방식으로 원하는 크기만큼 코를 늘릴 수 있습니다.

코줄이기

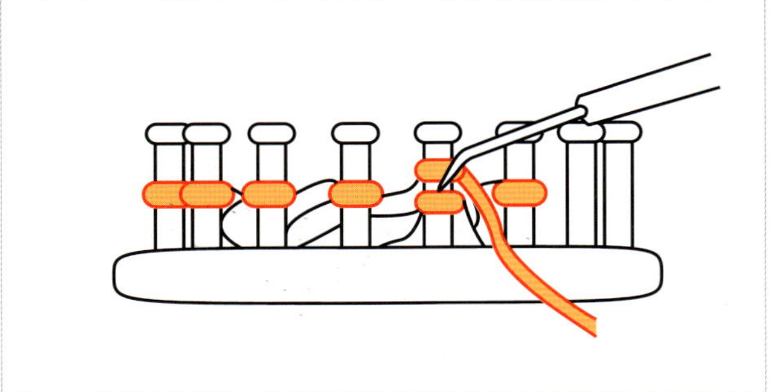

1. 뜨개질한 맨 끝의 바로 안쪽 핀에 실을 한 번 감고 후크로 넘깁니다.

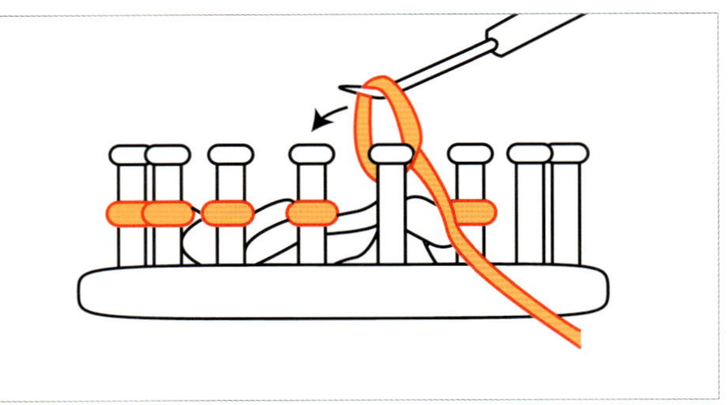

2. 넘긴 후 생긴 매듭을 후크로 끌어당기면 그림과 같이 매듭이 커지면서 핀에서 빼낼 수 있습니다. 빼낸 후 한 칸 더 안쪽 핀으로 옮겨 끼웁니다.

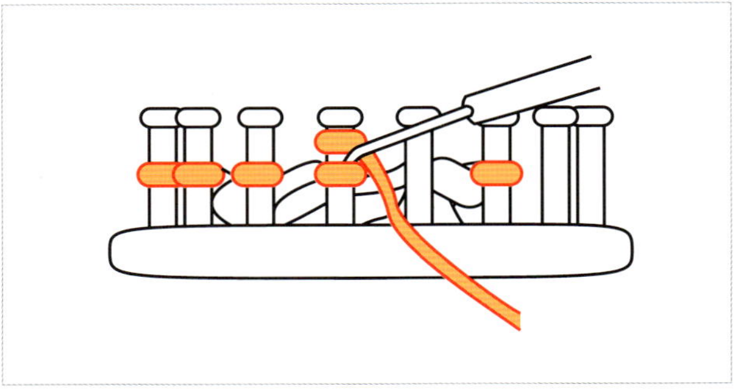

3. 두 올로 된 매듭 중 아래 매듭을 후크로 넘깁니다.

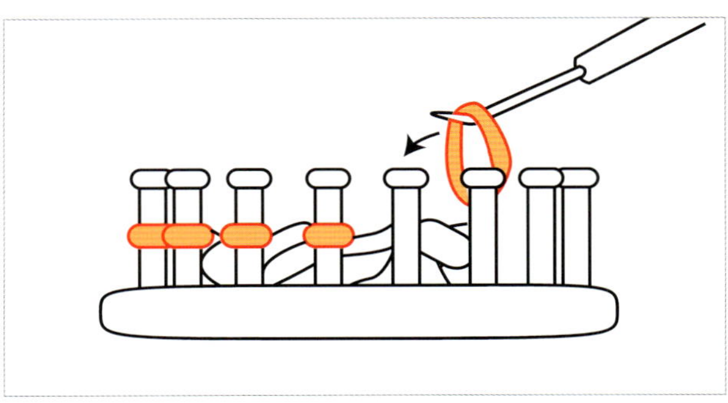

4. 맨 끝에 있던 매듭을 비어 있는 한 칸 안쪽 핀으로 옮겨 끼웁니다.

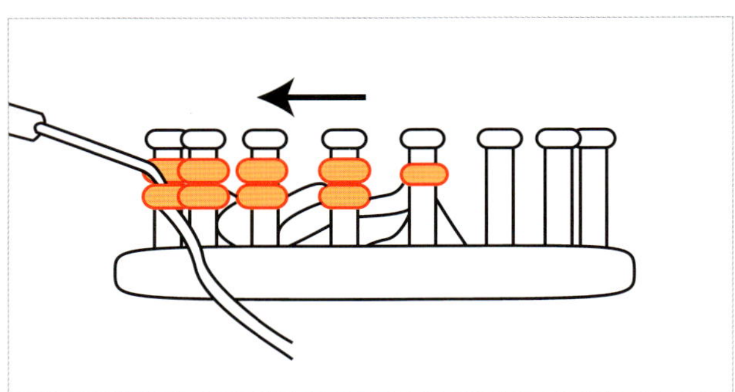

5. 옮겨 끼운 핀을 제외한 나머지 핀에 한 번씩 실을 감고 후크로 넘깁니다.

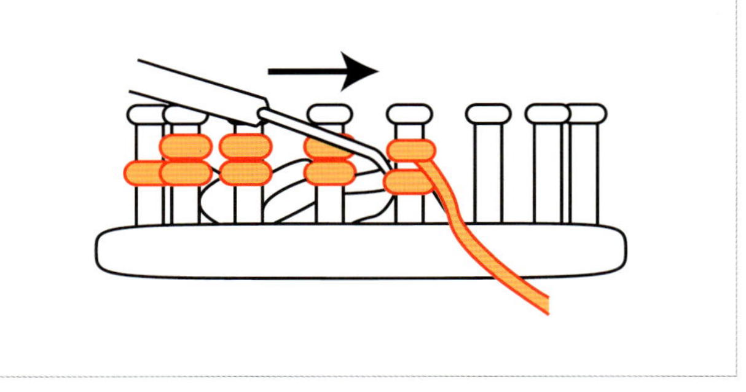

6. 되돌아오면서 실을 한 번씩 감아 주고 또 한 번 후크로 넘깁니다.

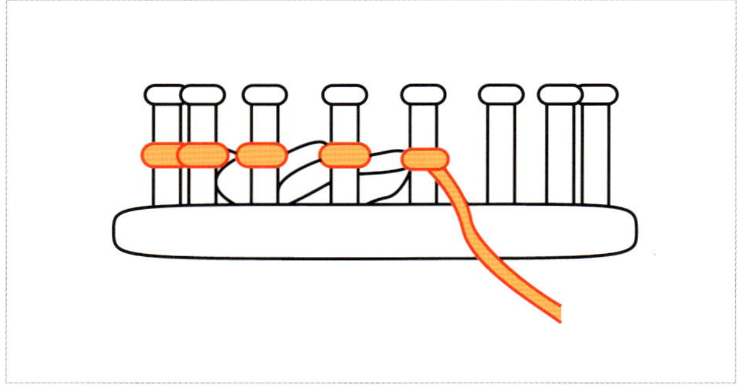

7. 한 개의 핀이 줄어든 상태로 돌아오게 됩니다. 이러한 방법을 반복하면 원하는 만큼 코를 줄일 수 있습니다.

라운드 뜨개룸 기본 사용법(기초)

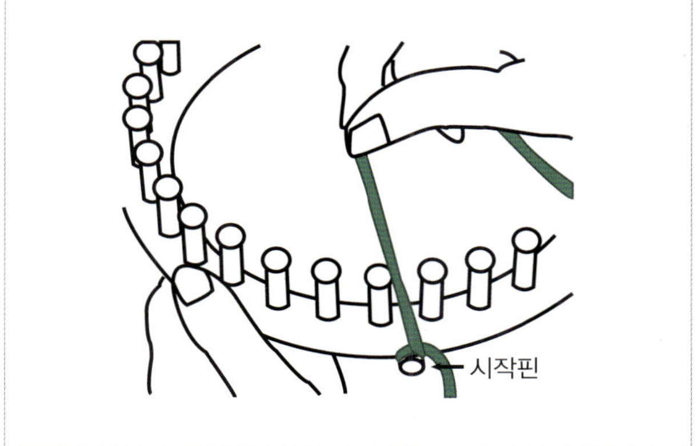

1. 뜨개룸 가장자리 옆쪽에 튀어나와 있는 시작핀에 실 끝을 단단히 감습니다. 실을 위쪽 핀 사이사이로 넣으며 시작핀의 오른쪽 핀(빨간 원표시)부터 감습니다.

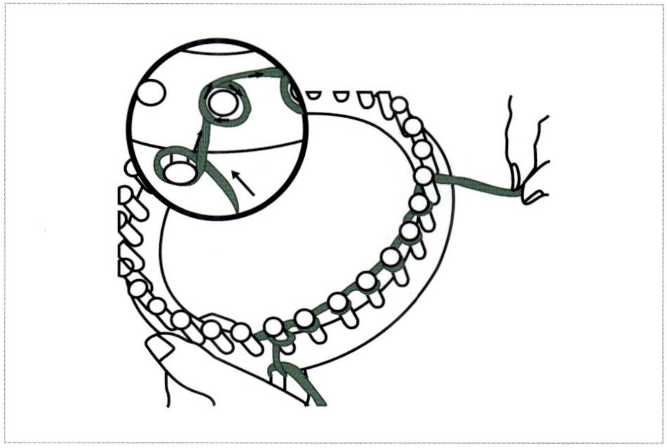

2. 실을 약간 헐렁하게 잡아 핀에 감아 줍니다. 이때는 확대된 그림처럼 시계 방향으로 감습니다. 똑같은 방법으로 모든 핀에 한 번씩 감습니다.

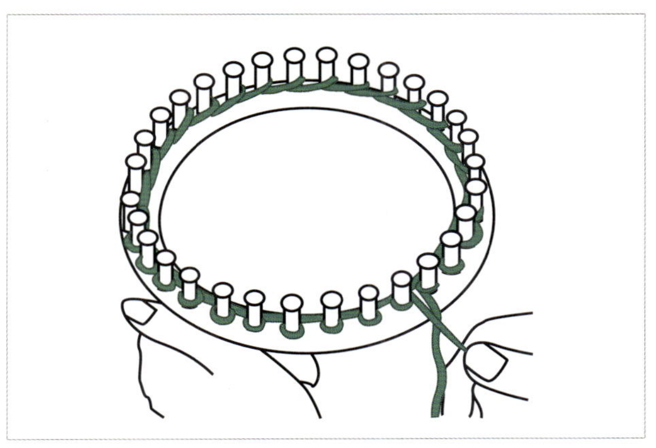

3. 각 핀에 감겨 있는 실을 밑으로 내려 줍니다.

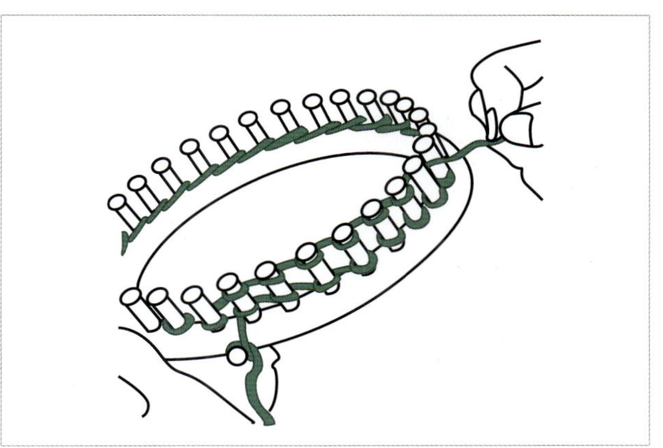

4. 같은 방식으로 실을 뜨개룸에 한 바퀴 더 감습니다. 다 감으면 모든 핀에 두 올이 생기게 됩니다.

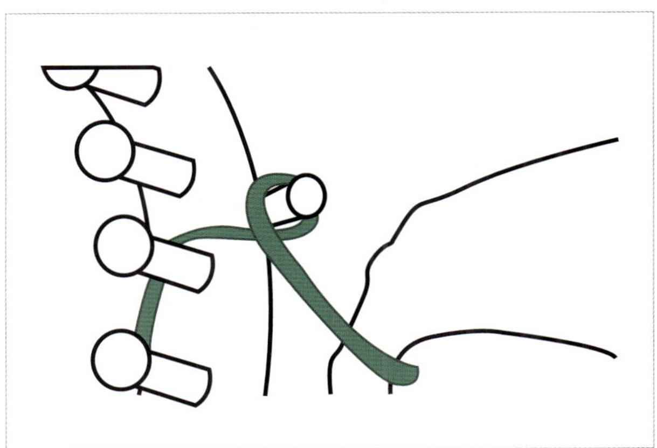

5. 다 감은 실은 풀리지 않도록 그림과 같이 맨 처음 감았던 시작핀에 감아 고정합니다.

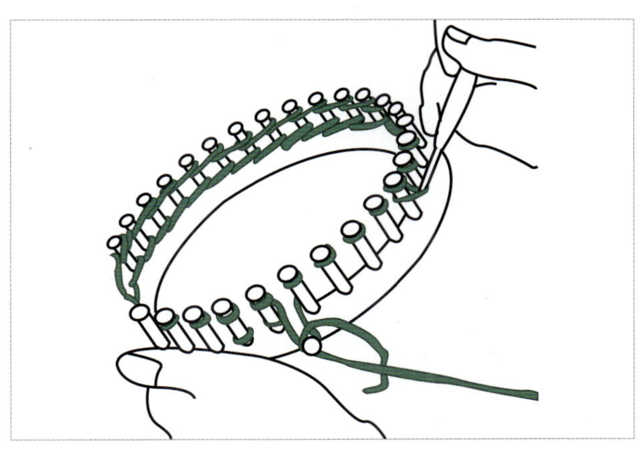

6. 뜨개룸 전용 후크를 사용해 밑에 감긴 실을 위에 감긴 실 위로 감아올려 줍니다. 이 작업이 끝나면 뜨개룸엔 한 줄의 고리만 남게 됩니다. 이제 첫 번째 뜨개질 코가 완성된 거죠.

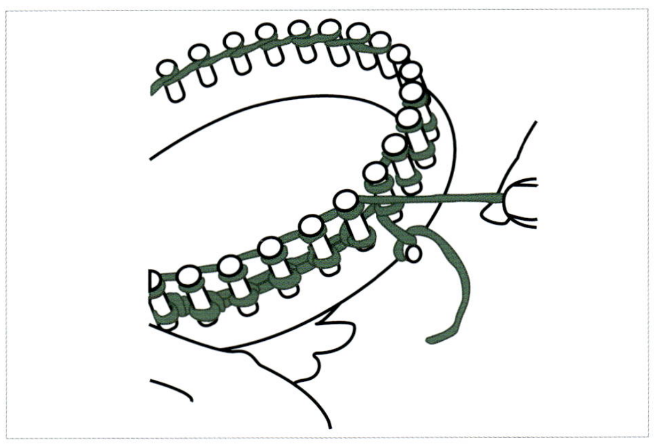

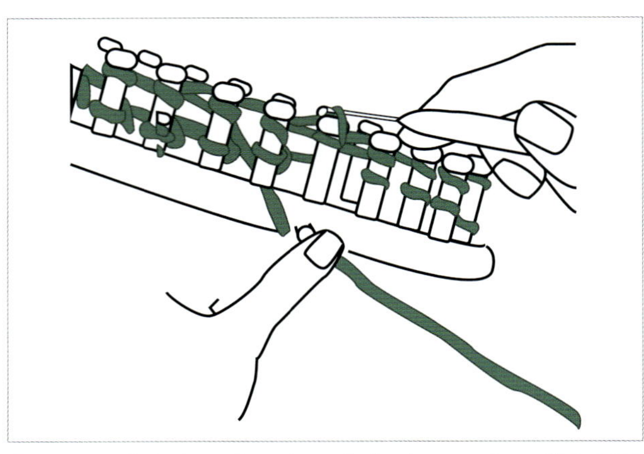

7. 핀에 감겨 있는 실을 다시 아래로 눌러 내려 줍니다. 5단계에서 묶어 두었던 실을 풀어 주고 시작핀 오른쪽 핀부터 똑같은 방법으로 감고 후크로 넘깁니다.

8. 감고 넘기기를 반복해 10센티 정도 뜨면 뜨개룸 안쪽으로 무늬가 나타납니다. 몇 단을 더 뜨고 난 뒤 시작핀에 감았던 실을 풀어 안쪽으로 넣어줍니다.

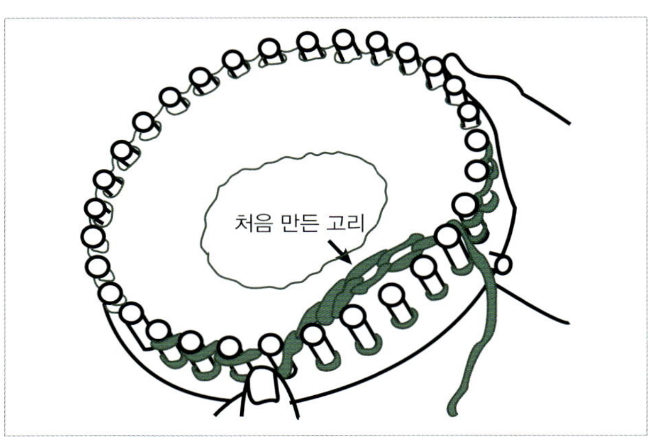

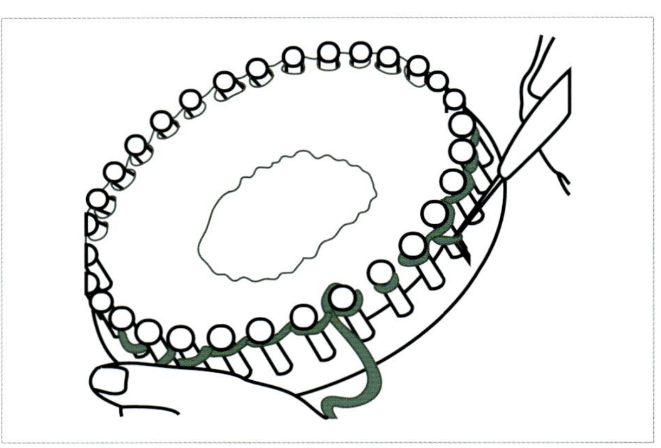

9. 〈모자 밑단 만들기〉
10센티쯤 뜨고 나서 실이 각 핀에 한 올 감겨 있는 상태에서 실을 전부 아래로 눌러 내려 줍니다. 시작할 때 시작핀에 감은 실을 시작핀으로 당겨 놓습니다. 그러면 처음 뜨개질한, 안쪽 부분이 딸려 옵니다. 그리고 가장 처음 만들었던 고리를 각 핀에 걸어 놓습니다. 이제 각 핀에 두 개의 고리가 생겼겠네요.

10. 후크를 사용해서 아래쪽 고리를 위쪽 고리 위로 당겨 넘깁니다. 그러면 10센티 정도 뜨개질한 부분이 접히면서 모자의 두툼한 밑부분이 만들어집니다.

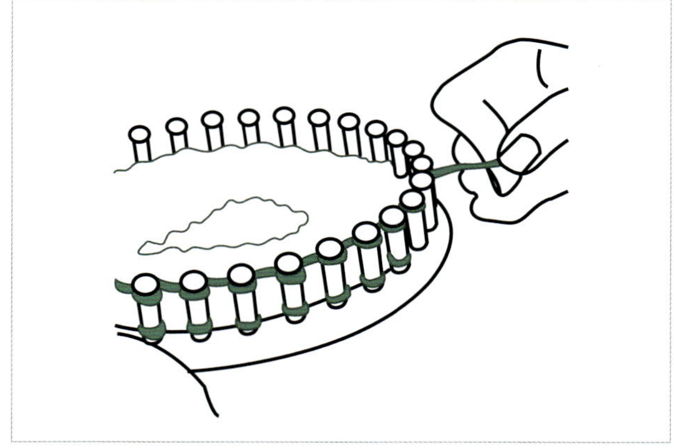

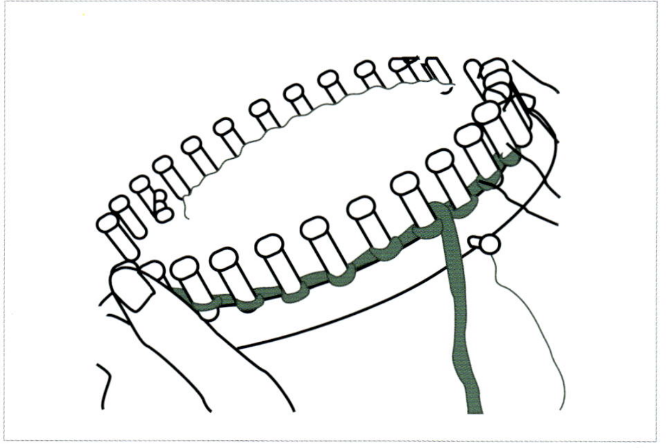

11. 〈마무리하기〉
다시 핀에 실을 감고 후크로 넘기기를 반복해 뜨개질합니다. 어느 정도 뜨면 머리에 써 보면서 사이즈를 조절합니다.

12. 머리에 쓸 만큼 뜨개질이 되면 실이 각 핀에 한 올만 감겨 있도록 합니다. 실은 10센티 정도만 남기고 자릅니다.

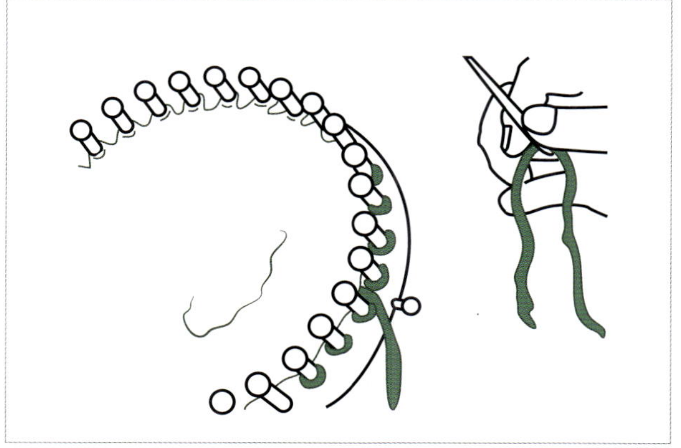

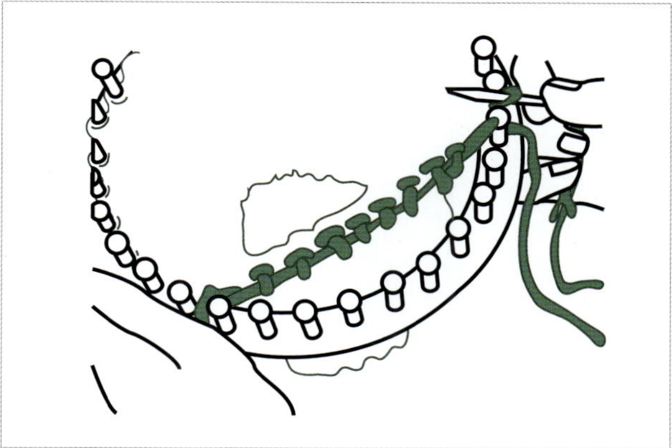

13. 실은 뜨개룸 한 바퀴를 감을 만큼 남기고 잘라 후크
와 함께 들어 있는 플라스틱 바늘에 꿰입니다.

14. 바늘을 각 핀의 털실 고리 사이로 통과시킵니다. 모
든 고리를 꿰어 뜨개룸에서 빼냅니다.

15. 모자는 안쪽 면이 보이도록 뒤집습니다. 바늘로 꿰
매고 나서 털실 양끝을 당겨 조여 주면 모자 모양
이 만들어집니다.

16. 당긴 두 줄을 묶고 뜨개질하다가 잘라낸 실과 다시
묶어 줍니다. 실은 3~4센티 정도 남기고 자릅니다.

밑단 쪽에는 모자 뜨기를 시작할 때 늘어뜨린 실이
있을 것입니다. 실을 플라스틱 바늘에 꿰어 모자 밑
단의 두툼한 부분에 적당히 찔러서 빼주고 나머지는
잘라냅니다. 모자를 뒤집어 줍니다.

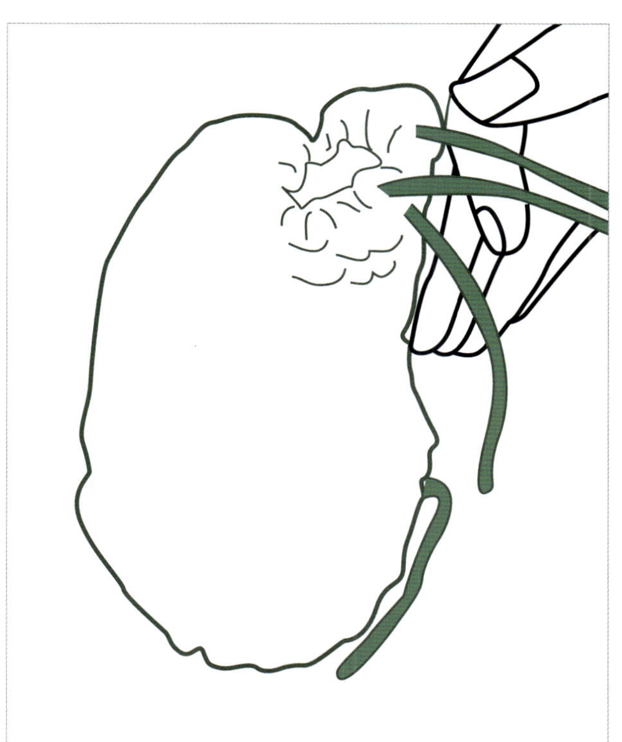

Tip.

실 두 올로 뜰 때에는 색상이 서로 다른 털실을 사용하면 독특하고 다양한 컬러의 모자를 만들 수 있습니다. 뜨개질 중간
에 다른 색 실로 짜고 싶다면, 핀에 한 올만 남아 있을 때 언제든지 가능합니다. 시작핀에 새로운 털실 끝을 감고 기존의
방법대로 뜨개질을 계속합니다. 핀 밑부분에 기존 색의 털실 고리를 윗부분의 새로운 색 털실 고리 위로 당겨 넘겨줍니다.
새로운 색깔의 털실로 몇 단을 뜨개질한 뒤, 그 실 끝을 다른 색 털실과 묶어줍니다.

롱 뜨개룸

롱 뜨개룸으론 기본적으로 판 형태의 뜨개질이 가능하며 가장 쉽게 뜰 수 있는 것은 목도리입니다.

사이즈는 길이에 따라 24cm, 34cm, 44cm, 54cm로 모두 네 종류가 있으며 쁘띠 목도리부터 큰 숄까지 다양하게 뜨개질할 수 있습니다.

롱 뜨개룸은 앞뒤 무늬를 똑같이 뜰 수 있고 다양한 무늬를 아주 쉽게 만들 수 있습니다. 목도리나 숄뿐만 아니라 조끼나 옷, 러그 등 다양하게 활용이 가능합니다.

롱 뜨개룸 명칭

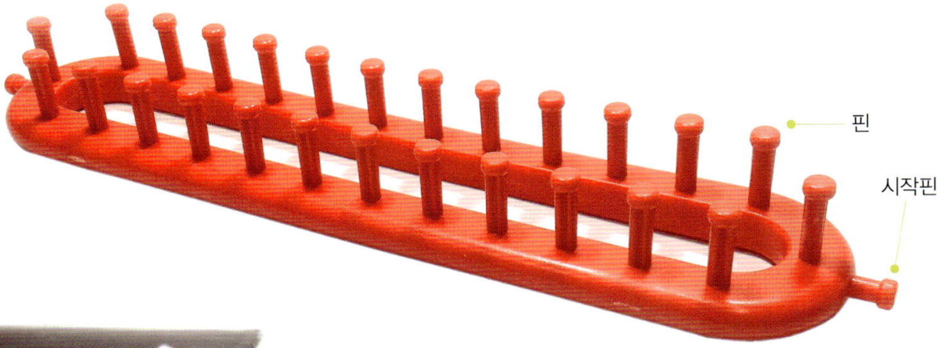

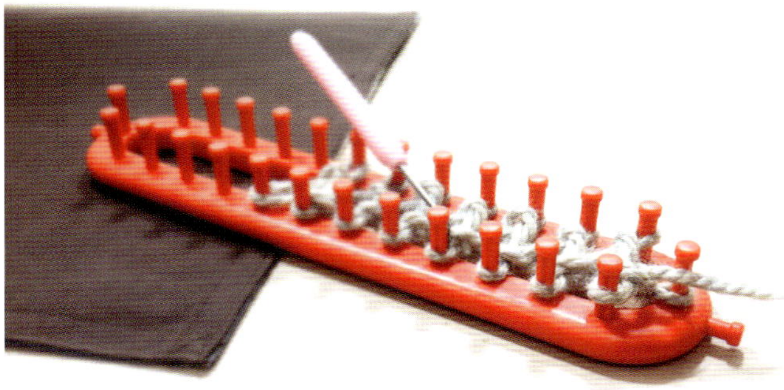

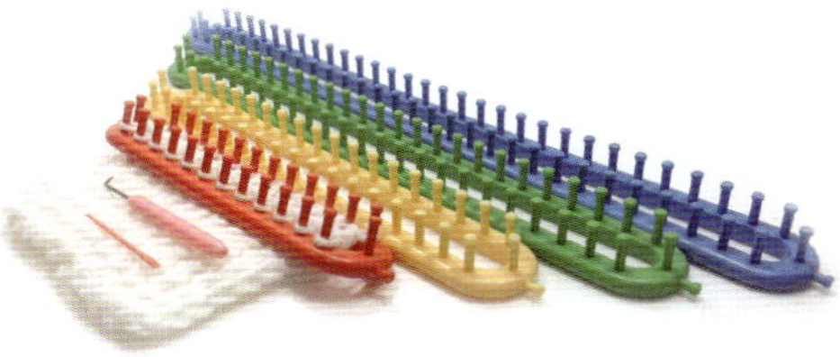

open braid

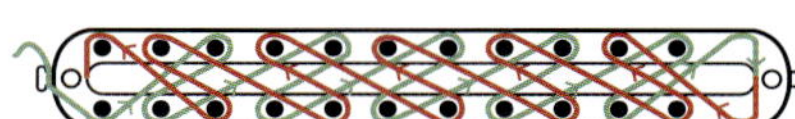

Asymmetrical

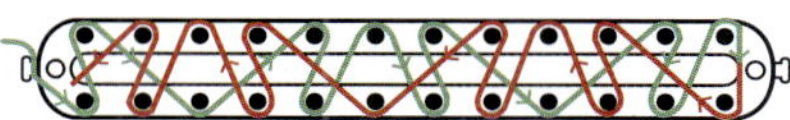

Box stitch

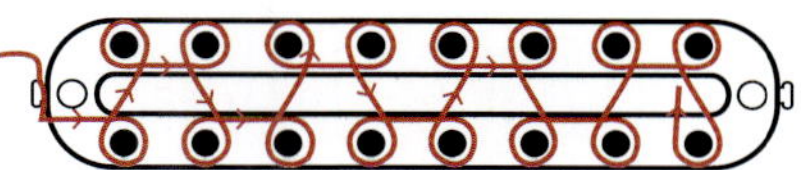

Honey combo

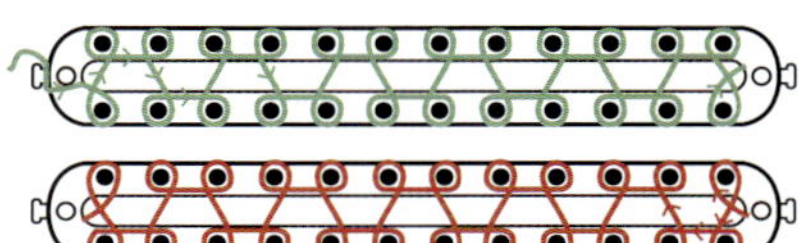

Rip E-Wrap

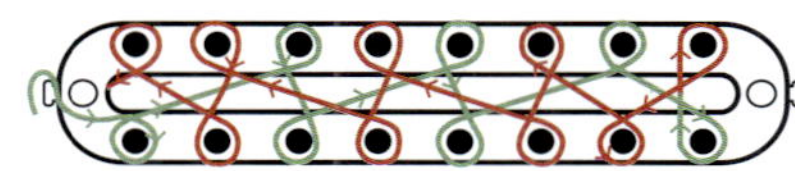

Rip Wrap

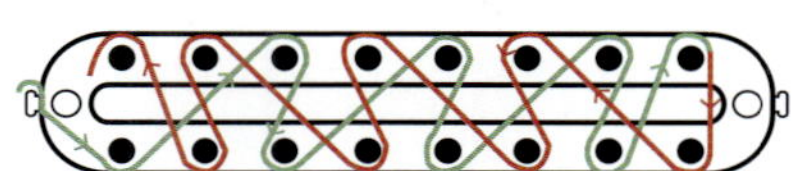

Stockinette E-Wrap

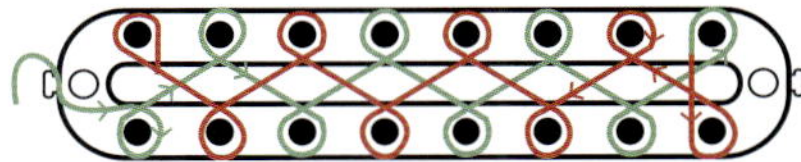

Stockinette Figure 8

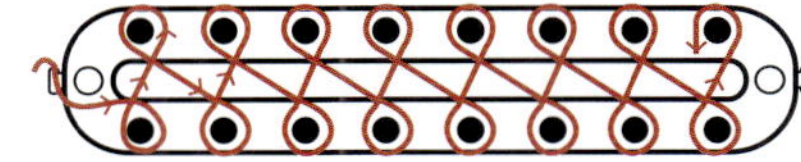

Stockinette

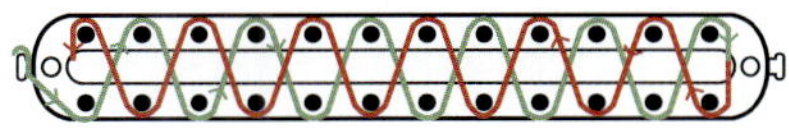

Zig-Zag

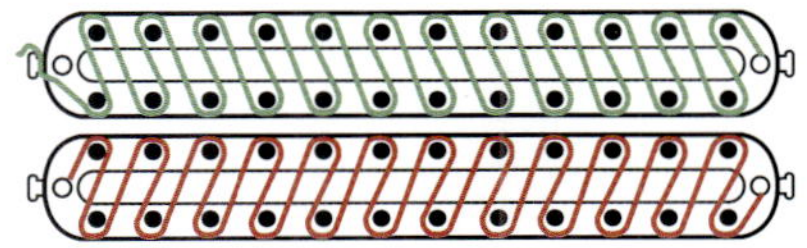

롱뜨개룸 기본 사용법(기초)

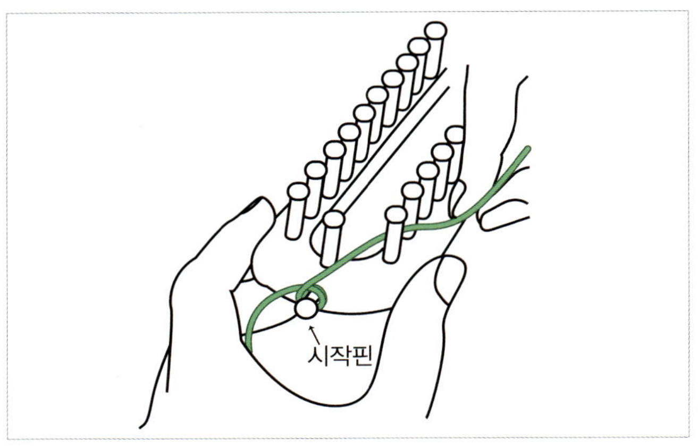

1. 뜨개룸의 바깥쪽 시작핀에 실을 묶거나 여러 번 감습니다.

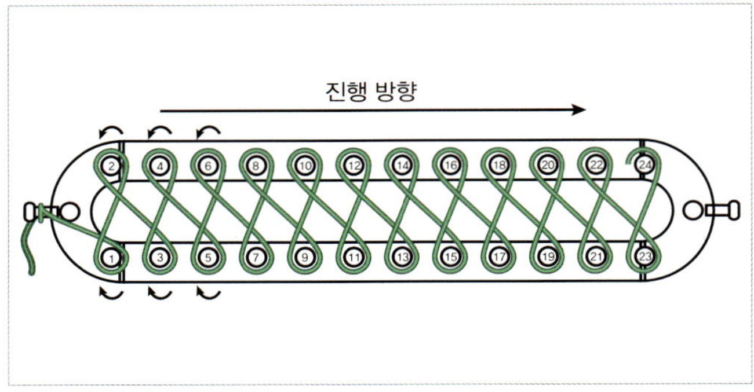

2. 그림에 나온 방향대로 아래쪽(홀수 번호 핀)은 실을 시계 방향으로 감고 위쪽(짝수 번호 핀)은 시계 반대 방향으로 감습니다.

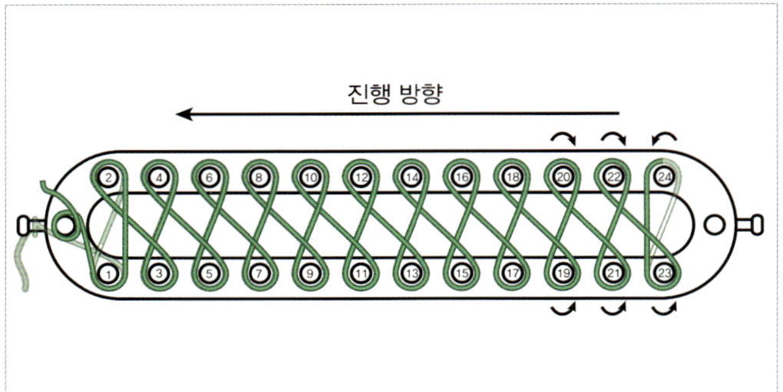

3. 다시 돌아오면서 아래쪽은 시계 반대 방향으로 감고 위쪽은 시계 방향으로 감습니다.

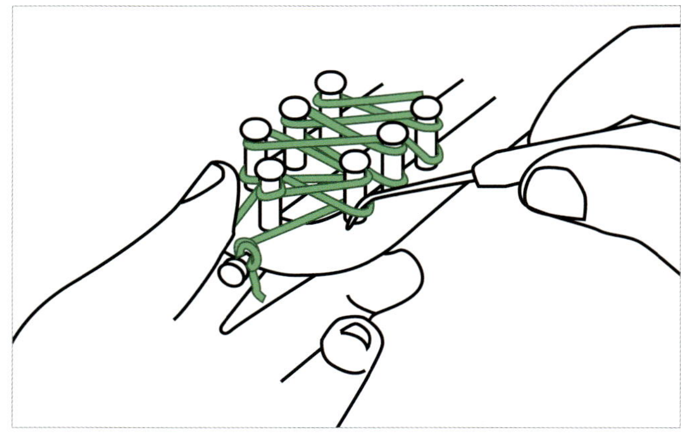

4. 그러면 핀에 감긴 실은 두 올이 됩니다. 이 중에 아랫실을 전용 후크를 이용해 핀 뒤로 넘깁니다.

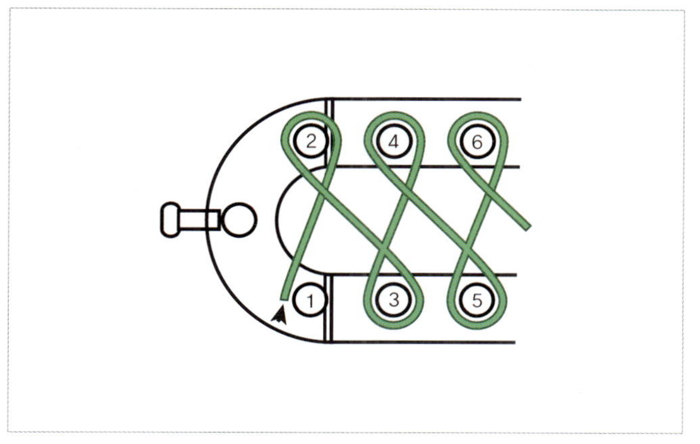

5. 다 넘기고 나서는 첫 번째 핀을 제외하고 두
번째 핀부터 2번 과정처럼 감아 주고 넘기고,
3번 과정처럼 감아 주고 넘기기를 반복하면서
원하는 길이로 뜨개질합니다.

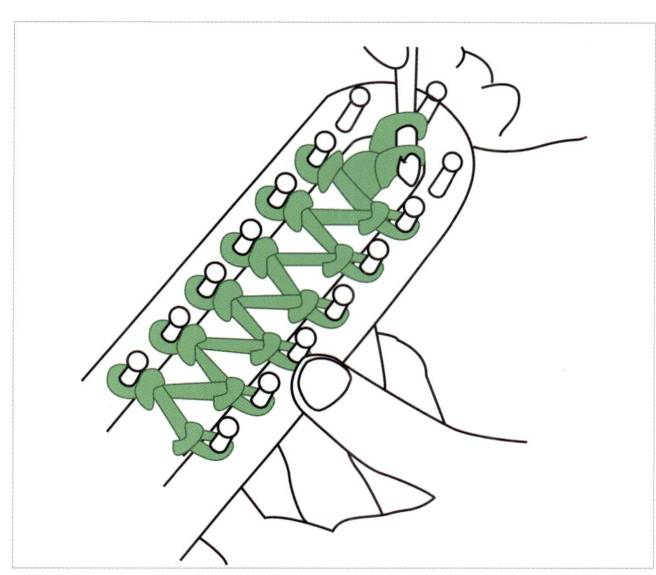

6. [마무리] 실뭉치가 연결된 반대 방향부터 24번
핀의 매듭과 23번 핀의 매듭을 차례로 코바늘
에 건 뒤 23번 매듭을 24번 매듭 사이로 통과
시켜 줍니다. 이 방법을 24번 핀 – 23번 핀 –
22번 핀... 순서대로 진행해 마무리 짓습니다.

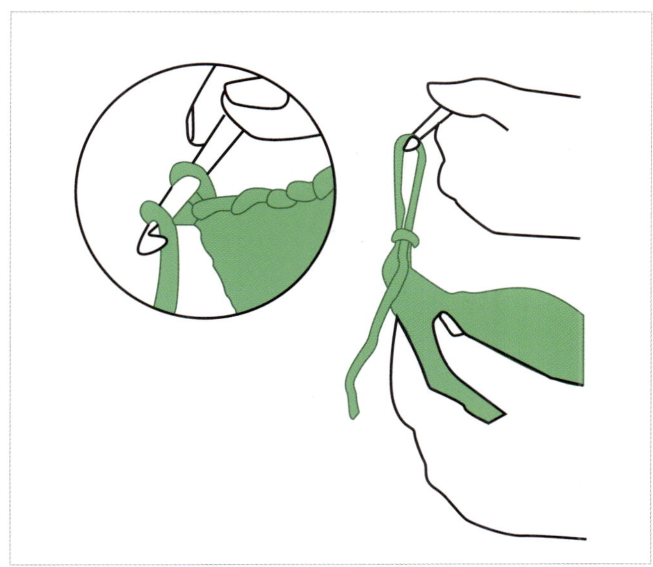

7. 마지막으로 실을 자르고 자른 실은 코바늘에
걸어 1번 핀의 매듭 사이로 통과시켜 마무리
합니다. 나머지 실은 뜨개질한 사이사이에 끼
워 숨깁니다.

참고할 기법

매듭묶기

반드시 매듭을 만들어 시작핀에 끼우고 떠야 하는 것은 아니지만 가끔은 그렇게 해야 할 때도 있습니다.
순서대로 따라 해 보세요.

1. 엄지와 검지를 벌려 사진과 같이 실을 잡습니다.

2. 그대로 손을 들어올리면 사진처럼 실이 잡히게 됩니다.

3. 검지에 있는 실을 엄지에 있는 실 안으로 통과시킵니다.

4. 당겨 주면 매듭이 만들어집니다.

사슬뜨기

주로 룸니팅 시작 부분에 많이 쓰입니다.

1. 매듭을 만들어 핀 앞에 놓은 뒤, 매듭 안으로 코바늘을 끼워 실을 걸어 떠 줍니다.

2. 실을 당기면 다시 매듭이 만들어집니다. 그 매듭 안으로 다시 코바늘을 넣습니다.

3. 또다시 핀 뒤에 있는 실을 잡아서 매듭 안으로 통과시켜 줍니다.

4. 마지막 고리는 다음 핀에 걸어 줍니다.

짧은뜨기

룸니팅뿐만 아니라 코바늘 마감에 많이 쓰입니다.

1. 매듭을 만들어서 마감할 부분 중 한 매듭에 코바늘로 끼우고

1-1. 다음 옆 매듭도 코바늘에 끼운 뒤 마지막으로 연결된 실을 코바늘에 걸어 두 매듭을 떠 줍니다.

2. 당겨진 실이 매듭 모양이 되면 그대로 코바늘에 끼워 놓습니다.

3. 반대편 실을 코바늘에 걸어 두 개의 녹색 매듭을 떠 줍니다.

4. 맨 처음처럼 녹색 매듭 하나만 코바늘에 걸려 있게 됩니다. 과정 1-1번부터 3번까지를 반복합니다.

뜨개질이 쉬워지는

뜨개룸

2017년 3월 20일 인쇄
2017년 3월 25일 발행

저자 : 강다연
펴낸이 : 남상호

펴낸곳 : 도서출판 예신
www.yesin.co.kr

(우)04317 서울시 용산구 효창원로 64길 6
대표전화 : 704-4233, 팩스 : 335-1986
등록번호 : 제3-01365호(2002.4.18)

값 14,000원

ISBN : 978-89-5649-138-7